108 張圖表看懂財

全圖解

財報

Financial Snapshots

比較圖鑑

獨創「會計思考力」商學博士

矢部謙介——著

suncolor
三采文化

前言

用對比圖，
揭密企業獲利真相

■ 閱讀財報其實很有趣

「投資和工作都需要看懂財報，我想學習財報的分析方法。可是，感覺好困難……」

各位都有這樣的想法對吧？

光看報章雜誌上的非量化訊息，很難了解一家企業真正的面貌。要搭配財報的經營數據（會計數據）和非量化訊息，才有辦法真正了解一家企業的經營狀況。

有時候我們處理工作，會用到會計相關的知識。只懂**損益表**（**P/L**）中的銷售額和利益是絕對不夠的，還要搭配**資產負債表**（**B/S**）、**現金流量表**（**CF**）等財報的知識，才能掌握自家公司和競爭對手的狀況，尋思正確的應對之道。**因此，我們必須善用會計，把會計當成掌握狀況和制定戰略的利器。**

投資時，財報也會提供有用的資訊。**會計數據會告訴你一家企業賺錢和成長的關鍵是什麼。分析這些要點，可以評估企業未來的收益和成長性。**

由此可見，看懂財報確實有很大的用處。然而，為什麼大部分人都不肯學習看財報呢？

其中一個理由是，**他們不了解看財報的樂趣。**看財報的目的，在於了解一家企業真正的面貌。非量化訊息無法提供最真實的資訊，掌握這種真實的資訊本來是一件非常有趣的事情。

要體會看財報的樂趣，必須結合企業的實際經營狀況來分析財報。交互比對會計數據和商業現狀，你才會明白兩者有密切的關聯，並且從中找到樂趣。反過來說，光看虛擬的範例和數字一點也不有趣，更不可能掌握看財報的能力。

因此關鍵在於，要使用真實企業的財報（真實案例），而非虛構的案例，才能了解商業行為和財報的關聯，看透一家企業真實的面貌。

本書介紹的案例，全都是真實企業的財報。當你明白看財報的樂趣，就會自行分析其他感興趣的企業。如此一來，你就算掌握這一門技術了。看的財報夠多，分析的能力自然會提升。

■ 短時間內大量閱讀財報的方法

話雖如此，剛開始學習時，必須花很多時間來閱讀大量的財報，老實說是挺辛苦的差事。多看不同企業的財報，是提高分析能力的有效方法。問題是，每家公司的財報都要看，真的很曠日廢時，很多人看到一半就懶得看了。

搞不清楚財報的樂趣，是學習看財報的第一道難關。閱讀財報曠日廢時，則是學習的第二道難關。

用圖解的方式看財報，是有效突破第二道難關的方法。剛開始不習慣時，會覺得財報只是一堆密密麻麻的數字；改成圖解的方式比較好了解架構，一看就知道該企業真正的「獲利模式」是什麼。

我的上一本著作《會計思考力：決戰商場必備武器》，之所以深受讀者好評，最大的原因就是我善用圖表效果，來分析企業的經營模式。很多讀者告訴我，以往的會計著作都要看好幾頁的財報，搭配冗長的解說；現在一眼就能看出各家企業的財報特徵，閱讀財報成了一件輕鬆愉快的事情。

不過，礙於篇幅的關係，上一本著作沒辦法介紹太多案例。

也有不少讀者告訴我，希望看到更多企業的圖解分析。

於是，本書網羅了各行各業的財報，編纂成**財報圖鑑**，以深入淺出的方式帶領各位分析大量的財報。有一些案例會重複介紹，但你好好**看完這一本書的案例，就等於讀過五十多家企業的財報了**。看過這麼多的財報，保證你會掌握分析的訣竅。

有了分析財報的訣竅，日後面對不同企業的財報，你就不用花上大把時間，也不會半途而廢了。

■ 「比較」是分析財報的一大關鍵

本書的其中一個特色是，**幾乎每一個章節的財報，都有刊出比較用的圖示，讓各位一眼就能看出差異**（Financial Snapshots）。

在許多章節中，我會比較同一個行業的諸多企業。比較不同企業的財報，可以了解同一個行業有哪些共通的特徵，以及**各家企業的經營模式有何獨特性**。

在閱讀各章節時，請先看 Financial Snapshots 再來閱讀解說。了解一下各家企業的共通點、相似點、相異點。然後，推測每一家企業採用的經營模式，並核對解說的內容。這是最棒的訓練方法，一來訓練你的財報分析能力（**會計思考能力**），二來又能享受解讀財報的樂趣。

了解不同行業的財報共通點，事先掌握不同的經營模式有何特徵，是掌握財報分析訣竅的一大關鍵。當你在分析陌生企業的財報時，類似的分析經驗會成為你的指標。

■ 本書架構

為了讓各位閱讀大量的財報圖鑑，盡快掌握分析財報的能力，本書會用不同行業的財報來比較。

第一章會先**解說讀懂財報的方法**。我會列舉職棒球團和足球球團的財報，告訴大家資產負債表（B/S）、損益表（P/L）、現金流量表（CF）的閱覽重點。

第二章會比較零售和物流業的財報。零售業跟我們的生活息息相關，但每一家企業的經營模式各有特色。**在競爭激烈的狀況下，各家企業如何發揮自身的特性？而這些特性又如何呈現在財報上？**我會帶大家看這幾個要點。另外，綜合貿易公司和專業貿易公司的財報有何特徵？這個問題同樣會一併解說。

第三章介紹餐飲業、服務業、金融業的財報，包括餐飲業的經營模式和財報之間的關聯。例如，迴轉壽司龍頭和一般迴轉壽司企業的差異，我還會解說**成本高依舊能賺錢的原因**。至於數位轉型企業和銀行，他們的**經營模式和財報有何關聯**，也同樣有詳細的介紹。

第四章介紹的是製造業的財報，有豐田、任天堂等日本知名的製造商，以及日本電產、基恩斯、信越化學工業等**高收益的 B to B 企業**。

第五章則是比較科技業巨頭和競爭對手的財報。**美國資訊科技龍頭的財報，內容到底長什麼樣子？這些大企業和競爭對手的財報，又有哪些相異之處？**在這一章也會有詳盡的介紹。

接下來，讓我們一起觀看各家企業的財報圖鑑，養成分析財報的能力吧！

【全圖解】財報比較圖鑑

108 張圖表看懂財報真相，買對飆股

目錄

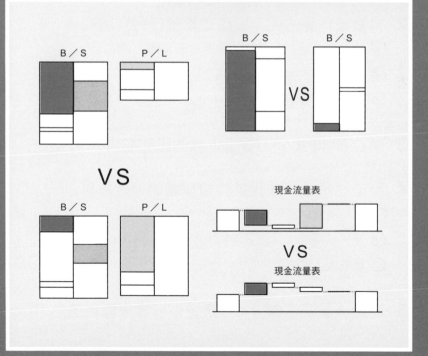

Chapter 1

輕鬆讀懂財報的方法

Chapter 2

零售業和物流業的財報

Chapter 3

餐飲業、服務業、金融業的財報

Chapter 1

輕鬆讀懂財報的方法

1 資產負債表（B/S），掌握企業經營和戰略方針

　　首先，來看三大財報中的資產負債表（Balance Sheet，B/S）。對大部分人來說，資產負債表的難度比損益表（P/L）高多了。不過，資產負債表更能呈現企業的戰略和經營方針。因此，先了解資產負債表的基本架構，就能消除對財報抗拒的心態。

　　資產負債表說明了一家企業調度資金的方式，以及那些資金投資的項目。解讀資產負債表時，把數據改成等比例的區塊會更好懂，如下圖所示。這種圖示又稱為「比例縮尺圖」。把資產負債表轉換成比例縮尺圖，一眼就能看懂複雜報表了。

　　資產負債表的右邊，記錄的是該企業調度資金的方式。主要

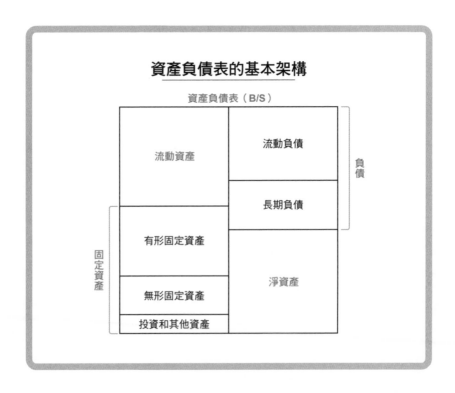

資產負債表的基本架構

分為**負債**（未來必須清償或支付）和**淨資產**，例如跟銀行借來的錢就屬於負債。至於淨資產是歸屬於股東的權益，不必清償。

負債又分為**流動負債**和**長期負債**。流動負債必須在短期內清償或支付（通常是一年內），長期負債的清償和支付期限較長（通常超過一年）。淨資產有股東直接投資的資金（**資本或資本公積**），以及企業從利潤提撥的保留盈餘（**轉投資事業**）。

號稱優良企業的公司，通常都有大量的保留盈餘。因此，資產負債表右邊的淨資產部位龐大，負債的部位相對較小。這代表過去創造的利潤提撥為保留盈餘後，足以支付投資的必要資金，不必仰賴借貸。

資產負債表左邊則是資金的投資項目，主要分為**流動資產**和**固定資產**。流動資產是短期內可變現的資產（通常是一年內），固定資產是短期內不打算變現的資產。固定資產當中，土地、建築物等有形物體稱為**有形固定資產**，至於像軟體那一類的無形物體，就稱為**無形固定資產**。短期內不打算買賣的有價證券或投資，歸納在**投資和其他資產**科目中。

在分析無形固定資產時，還要注意**商譽**這一項。所謂的商譽，就是企業進行併購（M&A）之際，收購價格和收購對象的淨資產（時價）差額。通常併購的價格都會高於淨資產的時價，所以進行併購的企業，資產負債表的左邊會認列商譽。當收購價格高於資產減去負債的價值，這個買貴的部分就稱為商譽，認列在企業的無形固定資產當中。

因此，**有認列大量商譽的企業，過去多半進行了大規模的併購。**有關商譽的認列原理，第三章的壽司郎全球控股（現在稱為FOOD & LIFE COMPANIES），還有 Zensho 控股的案例會有詳盡的解說（詳見 P103－P105）。

2 | 從職棒球團的固定資產差異分析經營戰略

現在各位大致了解資產負債表的架構了，我們就來比較一下**福岡軟銀鷹隊**（以下簡稱福岡鷹）和**阪神虎隊**（以下簡稱阪神虎）的資產負債表。

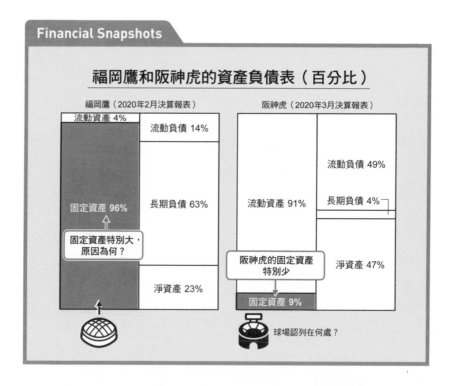

Financial Snapshots

福岡鷹和阪神虎的資產負債表（百分比）

福岡鷹（2020年2月決算報表）

流動資產 4%

固定資產 96%

固定資產特別大，原因為何？

流動負債 14%

長期負債 63%

淨資產 23%

阪神虎（2020年3月決算報表）

流動資產 91%

阪神虎的固定資產特別少

固定資產 9%

球場認列在何處？

流動負債 49%

長期負債 4%

淨資產 47%

在分析這些資產負債表時，要注意以下三大要點。

- 為何福岡鷹和阪神虎的固定資產有極大的差異？
- 職棒球團為何要保有球場？
- 「甲子園球場」是誰持有？

我們就根據這三大要點往下看。

✅ 為何福岡鷹和阪神虎的固定資產有極大差異？

　　這兩個球團的最大資產差異就是固定資產的比例。福岡鷹的固定資產比例高達 96%，阪神虎只有 9%。上一頁的圖示呈現了各科目的比例，而實際的金額也有極大的差異。福岡鷹的固定資產為 1,066 億 7,400 萬圓，阪神虎的固定資產為 17 億 3,900 萬圓。

　　為什麼兩個球團有如此巨大的差異呢？在揭曉答案以前，我們來看一下同為職棒球團的**北海道日本火腿鬥士隊**（以下簡稱北海道鬥士），2018 年和 2019 年 12 月期的決算報表。

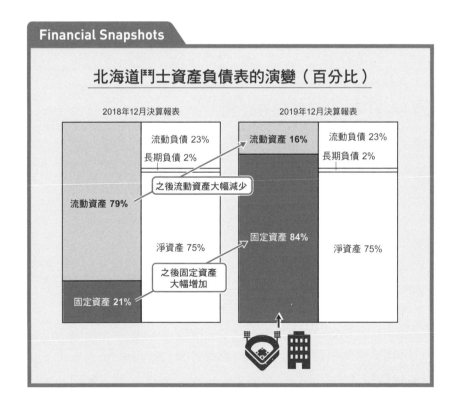

Financial Snapshots

北海道鬥士資產負債表的演變（百分比）

2018年12月決算報表　　　　　　2019年12月決算報表

流動負債 23%
長期負債 2%
流動資產 16%
流動負債 23%
長期負債 2%
之後流動資產大幅減少
流動資產 79%
淨資產 75%
固定資產 84%
淨資產 75%
之後固定資產大幅增加
固定資產 21%

根據上一頁的圖示，2018 年 12 月決算時，固定資產還只有 21%，後來增加到 84%。相對地，流動資產也從 79%，減少到 16%。

實際的金額變動如下。

流動資產：91 億 1,500 萬圓→ 19 億 5,500 萬圓（減少 71 億 6,000 萬圓）

固定資產：24 億 4,200 萬圓→ 102 億 4,700 萬圓（增加 78 億 500 萬圓）

北海道鬥士的資產負債表當中，沒有公開流動資產和固定資產的明細，不過我們可以合理推測，認列在流動資產的現金、存款、運用資產，拿去轉投資固定資產。那麼，固定資產的投資標的是什麼？

✅ 職棒球團為何要持有球場？

答案就是「新球場建設計畫」。北海道鬥士隊的球團耗資將近 600 億圓，在北海道北廣島市興建球場，預計 2023 年 3 月啟用開幕。

為了執行新球場的建設計畫，北海道鬥士隊還成立了新公司「北海道鬥士運動娛樂」來執行球場營運，而且還是該公司的最大股東（截至 2021 年 3 月底，出資比例高達 34.17%）。出資的金額為 82 億圓，可見剛才報表上增加的固定資產，就是出資給這間新公司來建設新球場。

同樣地，福岡鷹的固定資產部位龐大，也是持有球場的關係。2012 年，軟銀斥資 870 億圓，向新加坡政府投資公司買下福岡雅虎日本巨蛋（現在稱為福岡 PayPay 巨蛋，以下簡稱福岡巨蛋。資料來源：2012 年 3 月 24 日的日本經濟新聞早報）。**因為**

報表上認列了福岡巨蛋的所有權，所以福岡鷹的固定資產才會如此龐大。

那好，為何職棒球團想要持有球場呢？**第一個理由是降低球場的使用成本，第二是透過球場發展相關事業，充實各項服務回饋球迷，確保球團的收益。**

根據日本經濟新聞早報的報導，軟銀鷹在買下福岡巨蛋以前，每年的球場使用成本就將近 50 億圓。省下來的成本用來強化球隊戰力，更容易簽下高價的頂尖選手。

同樣地，北海道鬥士使用在地的札幌巨蛋，一年也差不多要15 億圓的成本。而且，球團相關人士指出，札幌巨蛋不能依照北海道鬥士的需求進行改建，也不能開設餐飲店和紀念品專賣店，連要賣母公司的商品都有困難（資料來源：2016 年 5 月 24 日的日本經濟新聞北海道地方版）。每年的使用成本居高不下，經營球場又有諸多規範，這才是北海道鬥士寧可新建球場的原因。

新建的球場周邊有三溫暖、水療設施、高級旅館，還有豪華露營區、運動場、餐廳。未來預計增設教育機構、住宅區等等。這些設施也會帶來龐大的利潤，想必這才是北海道鬥士新建球場的真正用意。

現在由於疫情影響，球場的進場人數依舊受到限制。然而，日後疫情緩和下來，球團搭配球場的經營效益絕對不同凡響。換句話說，**球團持有自己的球場，同時提升球隊戰力和球迷的滿意度，已經成為職棒球團的經營趨勢了。**

⊘ 甲子園球場的持有者

再來看看阪神虎的案例。阪神虎的固定資產只占總資產的9%，乍看之下似乎沒有自己的球場。那麼，阪神虎的主場甲子園球場是誰持有呢？

阪神虎是阪急阪神控股旗下的企業。因此，只要看阪急阪神

控股的**財務報告**就能略知一二了。阪神虎的主場甲子園球場，是球團母公司阪神電氣鐵道（阪神電鐵）持有的。

甲子園土地和建築物的帳面價格，合計 500 億 8,300 萬圓。球場並沒有認列在阪神虎球團的資產負債表上，而是認列在阪神電鐵的資產負債表上。

2020 年 3 月決算的財務報告書中，也有談到甲子園球場的經營狀況。阪神甲子園球場的餐飲和商品店鋪，有販賣球員的相關商品，而且廣受好評。未來會進一步充實餐飲菜色，讓球場成為更有魅力的設施。對阪神虎來說，球團搭配球場的共同營運手法，也是母公司授意的方針。

3 | 損益表（P/L），看懂企業的獲利結構

再來看三大財報中的**損益表**（Profit and Loss Statement，**P/L**）。我們先來了解損益表的基本架構吧。

制定損益表的目的在於計算企業的利潤，也就是算出整年度的交易收入，減去各項費用後剩下多少利潤。分析損益表跟分析資產負債表一樣，使用比例縮尺圖會更簡單易懂。

在製作損益表的圖示時，**收入**科目（銷售額、營業外收入、非常利益）在右邊，**費用**科目（銷售成本、銷售管理費用、營業外費用、非常損失、所得稅等等）在左邊。若「收入－費用」還有剩，那麼**淨利**的金額放在左邊，賠錢的話**淨損**要放在右邊。

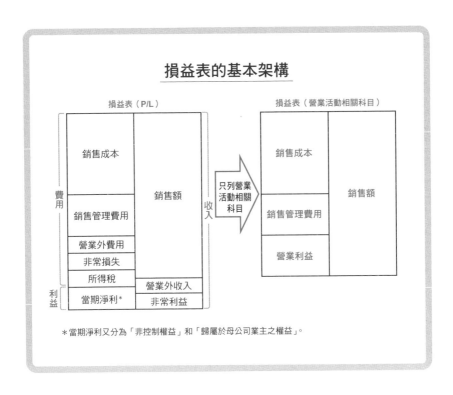

損益表的基本架構

＊當期淨利又分為「非控制權益」和「歸屬於母公司業主之權益」。

營業外收入、營業外費用、非常利益、非常損失的金額不大的話，可以按照上一頁箭頭標出的圖示，只列出營業相關的科目，看起來會更加單純好懂。

　　圖表右邊是銷售額，也是收入的代表性科目，通常是販賣商品、產品、服務所得來的。左邊則是銷售成本，亦即購買商品、原物料，還有製造產品的費用。除了銷售成本以外，營業所需的費用稱為銷售管理費用。營業利益則是「銷售額－銷售成本－銷售管理費用」（若為營業損失，則歸在圖表右邊）。

　　營業利益是企業透過本業賺取的利潤，因此只要理解到這個部分，就能看出一家企業的獲利結構了。

　　當你看的損益表夠多，會發現某些企業的營業外收入、營業外費用、非常利益和非常損失特別龐大。營業外收入和費用，是本業之外的經常性活動產生的收入與費用；非常利益和非常損失，則是當年度臨時產生的損益。當然，遇到這樣的狀況，最好仿效上一頁的完整圖示，了解損益表的整體架構會更好。

4 | 從損益表分析 J 足球聯盟球團的經營差異

　　上一節已經介紹了損益表的基本架構，再來我們看 J 足球聯盟的**川崎前鋒隊**（以下簡稱川崎前鋒）、**浦和紅鑽隊**（以下簡稱浦和紅鑽）、**樂天神戶勝利船隊**（以下簡稱神戶勝利船），從這三隊的損益表來分析其**經營模式**。

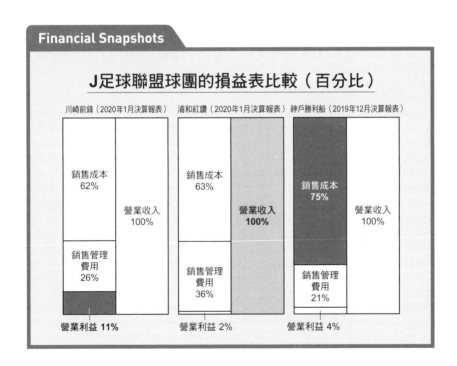

Financial Snapshots

J足球聯盟球團的損益表比較（百分比）

川崎前鋒（2020年1月決算報表）　浦和紅鑽（2020年1月決算報表）　神戶勝利船（2019年12月決算報表）

川崎前鋒：
銷售成本 62%｜營業收入 100%｜銷售管理費用 26%｜**營業利益 11%**

浦和紅鑽：
銷售成本 63%｜**營業收入 100%**｜銷售管理費用 36%｜營業利益 2%

神戶勝利船：
銷售成本 75%｜營業收入 100%｜銷售管理費用 21%｜營業利益 4%

　　上圖是各球團的損益表比例縮尺圖。三張圖示並排看下來，可以看出即使同樣是 J 足球聯盟的球隊，各球團的成本、銷售管理費用、營業利益的比例都不一樣。分析這些損益表時，要注意下列三大要點。

- 川崎前鋒的高收益性是怎麼來的？
- 浦和紅鑽的營業收入有何優勢？
- 贊助收入的特徵和陷阱是什麼？

　　我們就根據這三大要點，說明各球團的經營模式和損益表的關聯性。

⊘ 川崎前鋒的高收益來源

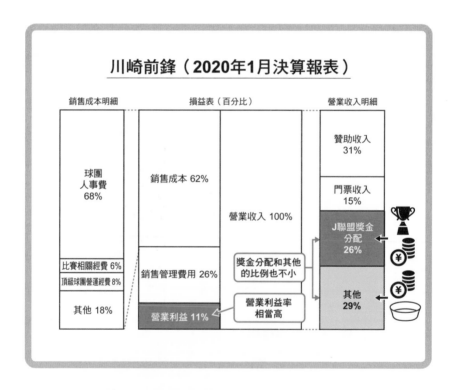

川崎前鋒（2020年1月決算報表）

銷售成本明細　　損益表（百分比）　　營業收入明細

球團人事費 68%　｜　銷售成本 62%　｜　贊助收入 31%

比賽相關經費 6%　頂級球團營運經費 8%
其他 18%

銷售管理費用 26%

門票收入 15%

營業收入 100%

J聯盟獎金分配 26%

獎金分配和其他的比例也不小

營業利益 11%　營業利益率相當高

其他 29%

　　上圖是川崎前鋒 2020 年 1 月決算的損益表（百分比），當中有標示營業收入和銷售成本的明細。這一份損益表最大的特徵是，營業利益占營業收入（相當於銷售額）的 11%（營業利益率），跟我們這次提到的其他球團相比，也是相當高的數字。那

24

麼，川崎前鋒的高收益性是怎麼來的？

從收入的層面來看，「J聯盟獎金分配」（占營業收入的 26%）和「其他」（占 29%）是川崎前鋒的亮點。

所謂的 J 聯盟獎金分配，就是 J 聯盟根據各隊成績分配的資金。川崎前鋒 2017 年和 2018 年蟬聯冠軍，因此獎金分配的比例特別大。

另一方面，體育串流平台 DAZN 從 2017 年取得 J 聯盟的轉播權，J 聯盟的優勝獎金和獎金分配也大幅提升，這也是獎金科目特別大的關係（不過，因為疫情的影響，2020 年和 2021 年的賽季，不再給予優秀的隊伍理念強化獎金）。

再者，「其他」是另一個比例較大的收入項目，這包含了販售商品的收入。川崎前鋒曾在慶祝儀式上推出特製澡盆，上面印有冠軍獎盃的圖樣，這是球團和川崎地區的澡堂協會共同推出的紀念商品，主要賣給球團的支持者。

該球團和當地商業組織推出了一連串特殊企劃，也炒出了相當的知名度。他們就是靠這一類企劃與聯合銷售活動，創造極高的收益。

最後來看費用的部分，川崎前鋒的成本率（＝銷售成本 ÷ 營業收入）和銷售管理費率（＝銷售管理費用 ÷ 營業收入）也不高。球團利用球隊打出的佳績，獲得了均衡的營業收入，再以營業收入控管人事費用和各項經費成本。這才是川崎前鋒的高收益祕訣。

✅ 浦和紅鑽的營業收入優勢

接下來，我們來看浦和紅鑽的損益表。浦和紅鑽的營業收入中，比例最大的是「贊助收入」（占營業收入的 47%），第二大的是「門票收入」（占 28%）。川崎前鋒的門票收入才 15%，神戶勝利船的門票收入只有 11%，浦和紅鑽的門票收入較高。

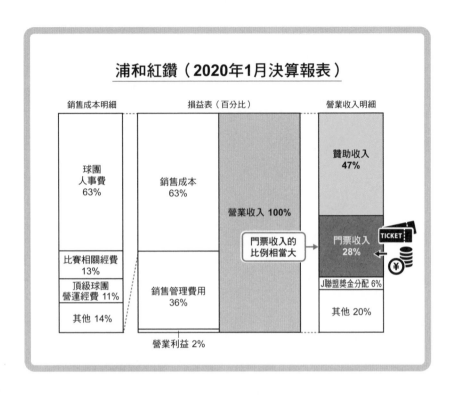

浦和紅鑽（2020年1月決算報表）

銷售成本明細　　　損益表（百分比）　　　營業收入明細

球團
人事費
63%

銷售成本
63%

營業收入 100%

門票收入的
比例相當大

贊助收入
47%

門票收入
28%

TICKET

¥

比賽相關經費
13%

頂級球團
營運經費 11%

其他 14%

銷售管理費用
36%

J聯盟獎金分配 6%

其他 20%

營業利益 2%

　　有在看足球的人都知道，浦和紅鑽有很多狂熱的支持者。這些支持者每場比賽都把球場的位子坐滿，因此我們可以合理推測，這是浦和紅鑽門票收入較高的原因。

　　球場能容納的觀眾數量，也是另一個必須考量的要點。浦和紅鑽的主場是「埼玉2002體育場」（以下簡稱埼玉球場），更是日本規模最大的足球專用競技場，大約可容納6萬4千人。川崎前鋒的主場等等力田徑競技場（以下簡稱等等力體育場），頂多只能容納2萬7千人左右。神戶勝利船的主場諾依薇雅神戶體育場，也只能容納3萬人左右。由此可見，埼玉球場的容納人數有多大。

　　浦和紅鑽的門票收入，來自狂熱的球迷和大型的球場。不僅如此，狂熱的球迷也貢獻了大量的商品收入。

　　現在受到疫情影響，球場有限制入場觀眾人數，這對浦和紅

鑽確實是一大傷害。不過，等日後疫情緩和下來，**門票收入就是球團安定的收入來源，畢竟門票收入不太會受到球隊成績或贊助商的影響**。從這個角度來看，浦和紅鑽的營業收入有其優勢。

　　順帶一提，川崎前鋒的主場等等力體育場，未來預計修建成足球專用體育場，容納人數也會擴增到 3 萬 5 千人左右。合理推測，這個修建計畫也是要增加門票收入，因為門票收入是很穩定的收入來源。

✅ 贊助收入的特徵和陷阱

　　最後，我們來看神戶勝利船的損益表。

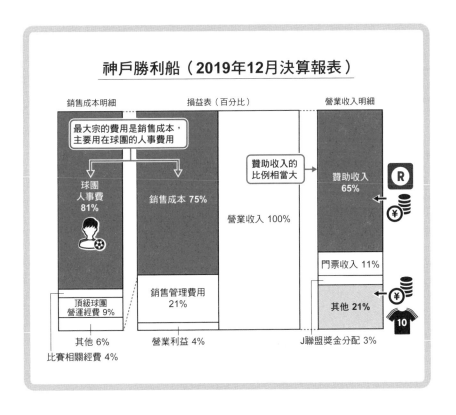

神戶勝利船（2019年12月決算報表）

銷售成本明細　　　　損益表（百分比）　　　　營業收入明細

最大宗的費用是銷售成本，主要用在球團的人事費用

贊助收入的比例相當大

球團人事費 81%

銷售成本 75%

營業收入 100%

贊助收入 65%

門票收入 11%

頂級球團營運經費 9%

銷售管理費用 21%

其他 21%

其他 6%

比賽相關經費 4%

營業利益 4%

J聯盟獎金分配 3%

神戶勝利船最大的收入特徵，在於有龐大的**贊助收入**（占營業收入的 65%）。合理推測，這是來自母公司樂天集團的收入。我在這一節介紹的損益表，是 J 足球聯盟中營業收入最高的三個球團。

神戶勝利船的營業收入居冠，高達 114 億 4,000 萬圓；再來是浦和紅鑽的 82 億 1,800 萬圓，以及川崎前鋒的 69 億 6,900 萬圓。換句話說，多虧有了贊助收入，神戶勝利船的營業收入才高居全聯盟之冠。

神戶勝利船的贊助收入，主要用在**銷售成本**（占營業收入的 75%）。仔細看銷售成本的明細，會發現球團人事費占了 81%。**這也代表大部分的贊助收入，都用在球團人事費上頭**。

神戶勝利船最有名的事蹟，就是挖角許多世界級的頂尖選手。例如 2019 年賽季，神戶勝利船旗下，有來自巴塞隆納足球俱樂部（西甲隊伍）的伊涅斯塔選手；還有兵工廠足球俱樂部（英超隊伍）的好手波多斯基，馬德里競技（西甲隊伍）的好手比利亞等等。可見，球團人事費多半用來支付知名選手的薪酬。

挖角知名的選手，有助於提升球團的戰力和知名度。2018 年賽季伊涅斯塔選手和比利亞選手加入後，神戶勝利船的社群平台（臉書、推特、IG）追蹤數，比去年增加了 166.2%。2019 年賽季也維持在 50.3% 的成長率（資料來源：德勤集團「2019 年 J 足球聯盟管理報告」）。

挖角知名選手也會提升商品收入。事實上，神戶勝利船的商品收入在 2018 年 12 月決算報表中，是 3 億 8,800 萬圓；到了 2019 年 12 月決算報表，成長到 5 億 3,100 萬圓。

以贊助為主要收入的球團，特徵是利用知名選手來提升利潤和知名度。然而，這種經營模式有利有弊。一旦**贊助商抽離，球團的營業收入會大幅下滑，進而爆發經營危機**。

聯盟中的鳥栖砂岩隊，就經歷過這樣的風險。鳥栖砂岩 2018 年從馬德里競技挖角費南多‧托雷斯，不料主要贊助商抽離，球

團的營業收入大幅減少。

2019 年的營業收入共有 25 億 6,100 萬圓，球團人事費就占了 25 億 2,800 萬圓。幾乎所有的營業收入都被球團人事費吃掉了（營業損失高達 18 億 9,800 萬圓）。

依靠贊助商提供的資金，提升球團的知名度和收入，這種經營模式伴隨莫大的風險。像浦和紅鑽這種門票收入較多的隊伍，平時雖然也有穩定的收入基礎，但疫情限制了入場看球的人數，也大幅影響到了他們的收入。

從這個角度來看，**川崎前鋒以堅實的成績作為後盾，均衡賺取各項收入，成本也控制得十分得當。川崎前鋒不只是一支好的隊伍，也擁有**很健全的損益表。

5 | 現金流量表（CF），分析企業資金來源和流向

　　最後，來看三大基本財報中的**現金流量表（CF）**，學習基本的分析技巧吧。

　　制定現金流量表的目的，在於呈現企業一整年的現金收支。有句話叫「帳面光鮮亮麗，口袋空空如也」，意思是損益表帳面上明明有盈餘，但企業現金不足。帳面上有賺錢卻「**黑字破產**」的企業不勝枚舉，這是缺乏現金支付必要開銷所導致的。

　　因此，在分析一家企業的經營狀況時，必須了解現金的來源和流向，以及企業內部有沒有足夠的現金支付必要費用。**現金流量表可以看出這些端倪。**

　　前面分析資產負債表（B/S）和損益表（P/L）時，我們採用圖解的方式；事實上這一套方法用來分析現金流量表也很有效。不過，分析現金流量表的圖示，跟前面兩大報表所採用的圖示不太一樣。分析現金流量表時，用「**瀑布圖**」會更加簡單易懂。

　　瀑布圖是用來表示企業期初保有的現金，在經過營業活動、投資活動、財務活動後，有多少的增加或減少。

　　下一頁的圖示，就是用瀑布圖呈現現金流量表的基本架構。圖示的最左邊是**期初的現金餘額**，最右邊則是**期末的現金餘額**。中間還有**營業活動現金流（營業 CF）**、**投資活動現金流（投資 CF）**、**財務活動現金流（財務 CF）**這三大項。

　　第一項營業活動現金流，**代表本業賺到的現金，一般來說這個數字都是正數。如果營業活動現金流是負數，代表本業根本沒賺錢**。這部分持續呈現負數的企業，業績不可能好到哪裡去，要特別留意。

　　第二項投資活動現金流，**代表用於投資的現金。**一般來說，

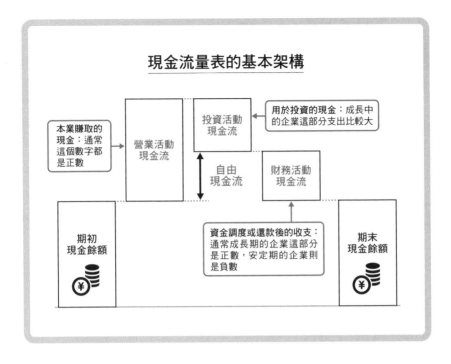

現金流量表的基本架構

本業賺取的現金：通常這個數字都是正數

營業活動現金流

投資活動現金流

用於投資的現金：成長中的企業這部分支出比較大

自由現金流

財務活動現金流

資金調度或還款後的收支：通常成長期的企業這部分是正數，安定期的企業則是負數

期初現金餘額

¥

期末現金餘額

¥

成長率較高或是成長中的企業，這部分的支出會比較大；反之，成長率較低，已經處於安定期的企業，這部分的支出就比較小。因為成長中的企業需要大量投資，來擴大事業版圖。

　　另外，營業活動現金流減去投資活動現金流，剩下的部分稱為「**自由現金流（FCF）**」。這部分相當於營業活動現金流，扣掉投資的額度。**自由現金流為正數，代表企業進行必要投資之餘，賺來的現金還足以償還有利息的負債。**

　　第三項**財務活動現金流，代表資金調度或償還債務所造成的收支。成長期的企業這部分多半是正數，安定期的企業多半是負數**。因為成長中的企業需要資金來投資，所以會調度新的資金，財務活動現金流就會是正的；安定的企業手上有充足的現金，現金會用來償還借款，或以分發股利的方式把利潤回饋給股東，因此多半是負的。

6 | 樂天的投資活動現金流大增

上一節已經說明現金流量表的基本分析技巧了，那我們來看樂天集團非金融事業的現金流量表吧。

P33 的上方圖示，是樂天集團非金融事業的瀑布圖，數據來自該集團 2018 年 12 月決算的現金流量表（為求簡便，期初現金餘額使用合併財報的數據，期末現金餘額則是用非金融事業的現金流量表換算出來的）。

圖表上顯示，營業活動現金流是 760 億圓，投資活動現金流是負 360 億圓，財務活動現金流則是 1,670 億圓。自由現金流為 390 億圓（有四捨五入的誤差，自由現金流和另外兩個相關科目的總和未必一致），**營業活動現金流大於投資活動現金流，代表這時候樂天的非金融事業，已經不具備成長期的企業該有的現金流量特徵了。**

然而，2020 年 12 月決算的現金流量表，和過去大相逕庭。P33 的下方圖示，營業活動現金流是 530 億圓，投資活動現金流卻是負 3,280 億圓，部位非常龐大。

這是成長期的企業才會有的現金流量，樂天的現金流量表顯示，他們從安定期過渡到成長期，發生這種逆行現象的原因又是什麼？

答案就是樂天通訊，也就是他們最近投入的行動電話事業。**樂天集團透過旗下子公司樂天通訊，大量投資行動電話基地台和網路設備，所以現金流量表才有這樣的轉變。**

由於投資活動現金流大增，自由現金流變成負 2,750 億圓。這樣就判斷樂天業績不振，未免言之過早。**企業投資分為好投資和壞投資**。關於這一點，留待下一頁繼續說明。

樂天（非金融事業）的現金流量表前後比較

單位：十億圓

■ **2018年12月決算報表**

營業活動現金流，大於投資活動現金流

期初現金餘額 701

營業活動現金流 76

投資活動現金流－36

自由現金流＝39

財務活動現金流 167

期末現金餘額 907

■ **2020年12月決算報表**

營業活動現金流 53

期初現金餘額 1,479

投資活動現金流－328

投資活動現金流大增

財務活動現金流 178

期末現金餘額 1,382

自由現金流＝－275

（註）期初現金餘額採用合併財報的數據，期末現金餘額則是根據非金融事業的現金流量表換算得來。

33

7 | 用藏壽司和麒麟控股的現金流量表，分辨好投資和壞投資

　　接下來，我們來看**藏壽司**和**麒麟控股**的現金流量表（CF），以分辨好投資和壞投資。前者經營連鎖迴轉壽司店，後者則跨足酒類、飲料、醫藥品等領域。

　　首先來說明藏壽司的案例。下圖記錄了藏壽司2000年10月期到2020年10月期的現金流量變動。藏壽司的現金流量狀況，在2008年形成一個分水嶺。2008年10月期以前，藏壽司拓展許多新的店鋪，積極投資有形固定資產。於是乎，投資活動造成現

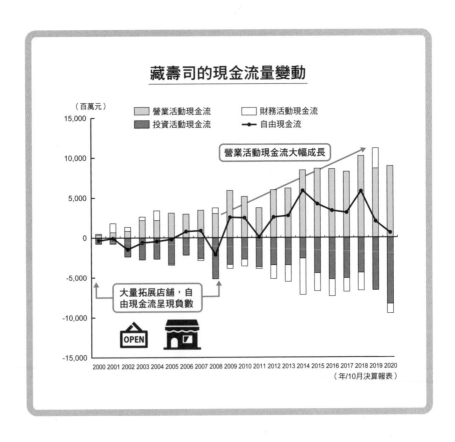

藏壽司的現金流量變動

（百萬元）

營業活動現金流　　財務活動現金流
投資活動現金流　　自由現金流

營業活動現金流大幅成長

大量拓展店鋪，自由現金流呈現負數

2000 2001 2002 2003 2004 2005 2006 2007 2008 2009 2010 2011 2012 2013 2014 2015 2016 2017 2018 2019 2020

（年/10月決算報表）

金大量流出，超過了營業活動現金流，很多時期自由現金流甚至是負的。

　　值得注意的是 2009 年 10 月以後，藏壽司的營業活動現金流大幅成長。這代表用於投資的現金，都透過營業活動回收了。換句話說，2008 年 10 月期以前的大規模投資是沒問題的。**藏壽司積極進行**好投資，促進企業成長，是值得嘉許的作為。

　　再來我們看麒麟控股的現金流量表。下方圖示記錄了麒麟控股 2007 年 12 月期到 2020 年 12 月期的現金流量變動。這段期間，麒麟控股的投資活動現金流有龐大流出，自由現金流大多時候也是負數。

　　當時麒麟控股**積極併購**海外企業，例如澳洲的國際食品和獅王啤酒，還有巴西的 Schincariol 啤酒。**也因為大舉投資這些企業，自由現金流才會是負的。**

　　問題在於 2012 年 12 月期以後，麒麟控股的營業活動現金流

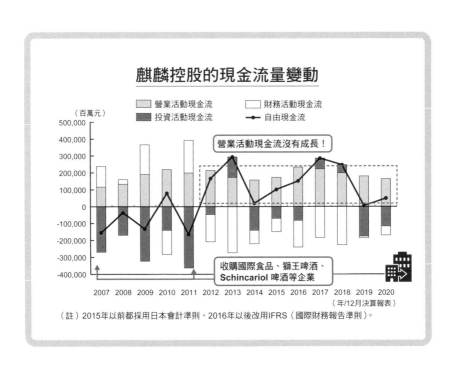

（註）2015年以前都採用日本會計準則，2016年以後改用IFRS（國際財務報告準則）。

並未提升。這代表麒麟控股併購海外企業所花的資金，無法透過營業活動現金流回收。

到頭來，麒麟控股在 2017 年 6 月，將 Schincariol 啤酒（也就是本來的巴西麒麟）賣給荷蘭的海尼根集團，國際食品也在 2021 年 1 月賣掉了。合理推測，賣掉這些企業主要是業績不振的關係。

另外，2013 年 12 月期和 2017 年 12 月期的投資活動現金流，之所以有現金流入，主要是收購海外企業取得的資產，以及賣掉股份的所得（2018 年 12 月期的投資活動現金流也有現金流入，這是跟美國大藥廠安進解除合作關係，不是賣掉海外企業的緣故）。

麒麟控股進行一連串的併購，試圖拓展海外版圖，可惜營業活動現金流沒有成長，屬於壞的投資。由此可見，進行大規模投資後，如果營業活動現金流沒有成長，代表投資成本沒有回收。

要看穿好投資和壞投資，不能只看單一年度的現金流量表，連續比較好幾個年度的現金流量表才是關鍵。

製作資產負債表和損益表的比例縮尺圖

　　本書把資產負債表、損益表和現金流量表化為比例縮尺圖和瀑布圖，讓各位一眼就能比較出個中差異，就好像在看圖鑑一樣。當然，有些讀者想要把自己感興趣的企業報表，做成圖表分析。接下來我會用 Excel 做出資產負債表和損益表的比例縮尺圖。這兩大報表是分析財報的基礎。

■ 先找參考用的財報

　　要製作比例縮尺圖，必須先找到參考用的財報。上市企業都有**財務報告書**這一類的公開情報。各位可以利用當中的數據，製作比例縮尺圖。

　　具體方法是，上網搜尋特定的企業名稱和**財務報告**等關鍵字，就會看到該企業的資訊公開網站。然後從網站下載財務報告書，將必要的資訊列印出來。

　　萬一感興趣的企業還沒上市，可以找**財務公告**的資料來看。所謂的財務公告，就是基於公司法公開股份有限公司的財務資訊。雖然不是每一家企業都有財務公告，不少企業甚至只有公開資產負債表，但搜尋特定的企業名稱和「財務公告」等關鍵字，還是有機會找到公開的財報，值得一試。

※ 本專欄採用 Excel for Microsoft 365 MSO 的 Excel 版本（2021 年 7 月版本）。

■ 從財報中挑選必要科目

下圖是川崎前鋒的財報（資產負債表和損益表），也就是我在第一章提到的球團。

川崎前鋒的財報（2020 年 1 月決算報表）

資產負債表

科目	金額 (百萬元)	科目	金額 (百萬元)
（資產部分）		（負債部分）	
流動資產	1,352	流動負債	1,144
現金及存款	8	應付帳款	329
押金	832	應付費用	35
其他	512	應付公司稅	191
固定資產	2,025	應付消費稅	70
有形固定資產	1,264	預收款	318
建築物	1,019	其他	200
運輸工具	47	長期負債	130
工具、器材	169	租賃債務	55
土地	29	退休準備金	46
無形固定資產	35	高階主管退休慰問	29
軟體	33	準備金	
其他	2	負債合計	1,274
投資和其他資產	725	（淨資產部分）	
保證金	20	資本	349
投資和其他資產	706	資本公積	31
		保留盈餘	1,722
		淨資產合計	2,102
資產合計	3,376	負債與淨資產合計	3,376

損益表

科目	金額 (百萬元)
營業收入	6,969
銷售成本	4,344
銷售毛利	2,625
銷售費用暨一般管理費用	1,824
營業利益	801
營業外收入	2
營業外費用	1
經常利益	802
非常利益	0
非常損失	0
當期稅前淨利	802
公司稅	240
當期淨利	562

（資料來源）川崎前鋒第 24 期決算公告，以及 J 聯盟「2019 年度日甲隊伍決算一覽表」。
（註）上面的資產負債表和損益表，統整和簡化了一些瑣碎的科目。

前言也提到，一開始還不習慣看財報時，光看這些密密麻麻的數字，你很難想像企業的實際經營狀況。因此，使用本書提到的**比例縮尺圖**，可以有效了解一家企業的概況。

要製作比例縮尺圖，必須先從資產負債表和損益表當中，挑選出必要的科目。挑選科目也有各種不同的方式，首先請按照上方圖表的紅框來挑選，這樣比較簡單易懂。

具體來說，資產負債表要有左邊的流動資產、有形固定資產、無形固定資產、投資和其他資產，以及右邊的流動負債、長期負債、淨資產合計（總共七大項目）。損益表要有營業收入（銷售額）、銷售成本、銷售管理費用、營業利益這四大項。

■ 將數據輸入 Excel，製作比例縮尺圖

我們就用川崎前鋒的財報資料，做出損益表的比例縮尺圖好了。首先，請按照下列的方式在 Excel 中輸入資料。

	費用	收益
營業收入		6,969
銷售成本	4,344	
銷售管理費用	1,824	
營業利益	801	

接下來請圈選這些資料，從「插入」功能中選擇「插入直條圖 / 橫條圖」，再從「其他直條圖」選擇「堆疊直條圖」，就會出現下方的圖表。

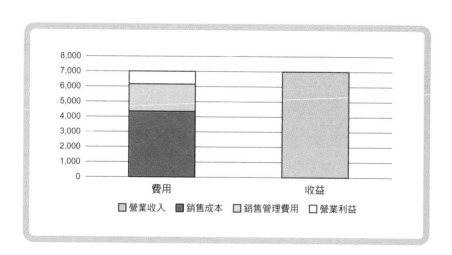

還要再經過一個調整步驟，這個圖表才會變成比例縮尺圖。

① 右鍵點選圖表的縱軸，選擇「座標軸格式」，再點選「數值次序反轉」。
② 右鍵點選直條圖的部分，選擇「資料數列格式」，將「類別間距」改成零。
③ 右鍵點選直條圖的部分，選擇「新增資料標籤」。
④ 點選直條圖中的資料標籤，選擇「資料標籤格式」，勾選「數列名稱」。
⑤ 消除橫軸、縱軸、圖例格式等不必要的要素，調整成自己喜歡的格式，並打上標題。

然後，就會出現下列的損益表比例縮尺圖了（只列營業活動相關科目）。

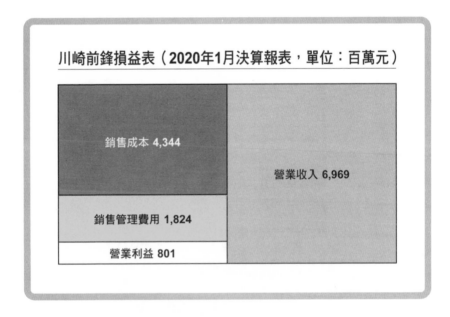

川崎前鋒損益表（2020年1月決算報表，單位：百萬元）

銷售成本 4,344
營業收入 6,969
銷售管理費用 1,824
營業利益 801

這一個範例是用金額來做比例縮尺圖，你也可以用 Excel 計算這些科目的百分比，來製作百分比的圖示。

Chapter 2

零售業和物流業的財報

1 用資產負債表分析花卉產業的經營模式

　　第二章的第一個案例，就來看我們日常生活中會接觸到的花卉產業，用花卉產業的資產負債表來分析經營模式的差異。花卉產業中，只有**美麗花壇**這家企業有上市，因此除了美麗花壇以外，我們再挑一家有公開財報的**花卉邱比特**。就從這兩家企業的資產負債表，來分析花卉產業的經營模式吧。

　　順帶一提，美麗花壇的資產負債表取自合併財報，花卉邱比特的資產負債表則是單獨報表。兩家企業的資產負債表中，固定資產的比例有極大差異。接下來，我們各別分析這兩大要點。

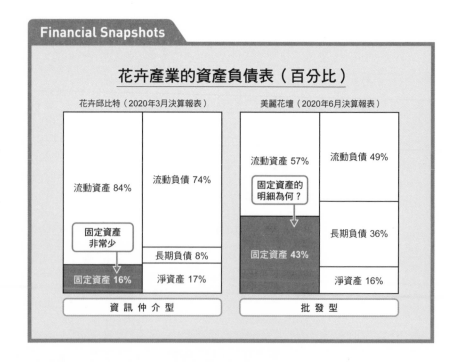

Financial Snapshots

花卉產業的資產負債表（百分比）

花卉邱比特（2020年3月決算報表）

流動資產 84%	流動負債 74%
固定資產非常少	長期負債 8%
固定資產 16%	淨資產 17%

資訊仲介型

美麗花壇（2020年6月決算報表）

流動資產 57%	流動負債 49%
固定資產的明細為何？	長期負債 36%
固定資產 43%	淨資產 16%

批發型

- 花卉邱比特的固定資產為何特別少？
- 美麗花壇保有的是什麼樣的有形固定資產？

✅ 花卉邱比特的固定資產為何特別少？

　　首先，我們來看花卉邱比特的資產負債表。跟美麗花壇相比，花卉邱比特的資產有一大特徵，就是**固定資產的比例特別少**。固定資產只占總資產的 16%。為什麼固定資產的比例特別少呢？答案跟花卉邱比特的經營模式有關。

　　花卉邱比特主要提供的服務，性質上比較接近電商，客戶可以上網訂購花卉贈送他人。這又分為兩大業務，「網路花卉邱比特」專門服務個人消費者，「商務花卉邱比特」則專門服務公司行號。兩種經營模式幾乎是共通的，請看 P44 圖表。

　　在使用網路花卉邱比特贈送花卉時，**消費者是透過官網下訂單的**。花卉邱比特會將訂單轉給收件地址附近的加盟店，由加盟店配送指定的花卉。因此，花卉邱比特本身不需要擁有店鋪，**只要擔任消費者和加盟店的仲介就好**。這也是花卉邱比特固定資產比例特別低的原因。

　　消費者每次下訂所支付的手續費，就是花卉邱比特的收入來源（截至 2021 年 8 月，每一件商品收 550 圓【含稅】）。花卉邱比特 2020 年 3 月的決算報表顯示，該企業的當期淨利有 3,019 萬圓。那一年的生意多少受到疫情影響，花卉邱比特最終還是力保不失，並沒有虧損。

　　這一套經營模式可以避免長距離的配送。根據花卉邱比特的統計數據，他們每天省下了將近 150 萬公里的移動距離，從 2020 年 4 月到 2021 年 3 月，一整年的二氧化碳排放量減少了 142.3 噸之多。

　　花卉邱比特 1953 年開業，當時還沒有發達的物流網，才會

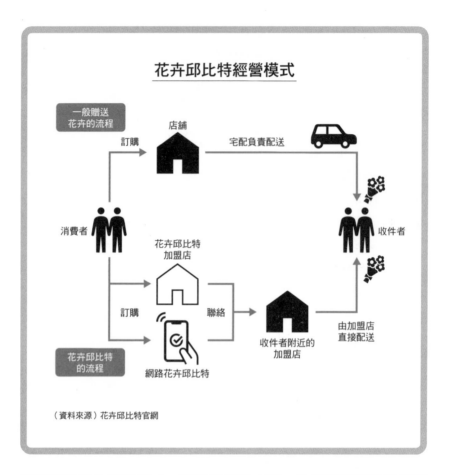

花卉邱比特經營模式

一般贈送
花卉的流程

店鋪

訂購

宅配負責配送

消費者

收件者

花卉邱比特
加盟店

訂購

聯絡

收件者附近的
加盟店

由加盟店
直接配送

花卉邱比特
的流程

網路花卉邱比特

（資料來源）花卉邱比特官網

構思出這樣的經營模式。不過從結果來看，他們確實推出了愛護環境的花卉服務。

✅ 美麗花壇保有怎樣的有形固定資產？

接下來，我們來分析 P42 美麗花壇的資產負債表。美麗花壇主要的業務有**喪祭花卉服務**、**花卉批發服務**和**婚宴花卉服務**。喪祭花卉服務主要是提供葬儀社祭祀用的花卉，還有花卉的造型擺設。花卉批發服務則是跟花農調貨，轉賣給一般花店或葬儀社。婚宴花卉服務則是販售婚禮所需的花卉商品，例如婚宴上的裝飾

花朵和花束。

美麗花壇並沒有開設零售據點（花店），但**各地都有喪祭服務的營業所，這些營業所就列入固定資產當中。**

下圖是美麗花壇的資產負債表和損益表比較內容。順帶一提，花卉邱比特只有公開簡略的資產負債表，而美麗花壇是上市企業，有公開詳細的資產負債表和損益表。

這一份圖表顯示，損益表左邊的所有費用將近 55 億圓，但資產負債表的所有資產大約才 22 億圓，不足費用的一半。**這代表跟損益表相比，該企業的資產負債表規模很小。**美麗花壇的資產負債表規模不大，**原因在於他們販賣的是花卉，存貨（庫存）的金額小，**應收帳款和應付帳款的週轉天數又短，**生產花卉商品**

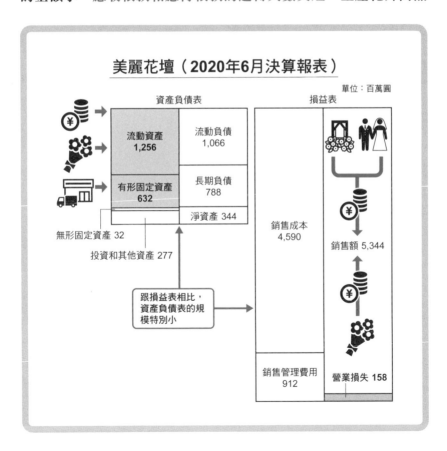

也不需要大型的設備。

　　比起花卉邱比特，美麗花壇的資產負債表當中有較大的固定資產。可是，跟本身的損益表相比，**看得出美麗花壇**屬於小型的**經營模式，也不需要太多的資產。**

　　另外，根據美麗花壇 2020 年 6 月決算報表，營業損益出現 1 億 5,800 萬圓的赤字。花卉邱比特的營收主要來自個人的花卉餽贈，反之美麗花壇多半來自婚喪喜慶的需求，所以受到疫情很大的影響。因為疫情增溫後，很多婚喪喜慶的活動都取消了。美麗花壇的決算期會延後三個月，大概跟疫情影響也脫不了關係。

　　再看財務報告書上各項業務的營收狀況，本來最賺錢的喪祭花卉服務在 2020 年 6 月決算期大幅下滑，婚宴花卉服務的赤字也逐漸擴大，主要是婚宴需求減少，加上競爭激化所導致。另一方面，花卉批發服務的營收跟前一年保持同樣的水準。由此可見，美麗花壇的赤字，跟婚喪喜慶活動取消大有關聯。

比較重點！

　　這一節介紹的是花卉產業，但兩者的資產負債表有很大的差異。花卉邱比特主要提供仲介轉贈服務，美麗花壇則是以批發和婚喪喜慶的需求為主。美麗花壇的營收比例大多來自婚喪喜慶，疫情自然對業績造成重大打擊。至於個人消費者對花卉的需求比較不受影響，因此現在還撐得下去。

　　最後，總結一下兩家企業的經營模式有何特徵。

企業	經營模式的特徵
花卉邱比特	針對個人和企業，屬於資訊仲介型
美麗花壇	針對婚宴會場、葬儀社，屬於批發型

2 | 成衣業的經營策略差異

　　這一節來比較**島村**和**迅銷**這兩家企業。兩者都是涉足快時尚的成衣企業，也同樣販賣平價的衣物，財報卻有極大的不同。

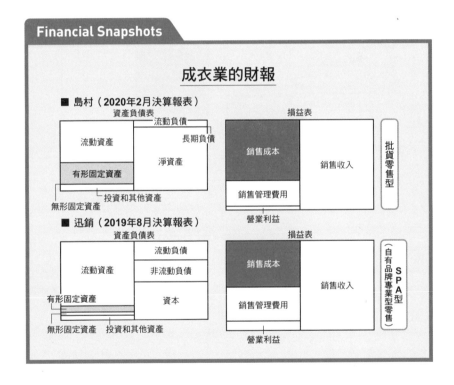

Financial Snapshots

成衣業的財報

■ 島村（2020年2月決算報表）

資產負債表　　　　　　　　　　　損益表

流動負債 ─ 長期負債 ─ 淨資產　　銷售成本　　銷售收入

流動資產　　有形固定資產　　　　銷售管理費用

無形固定資產 ─ 投資和其他資產　　營業利益

批貨零售型

■ 迅銷（2019年8月決算報表）

資產負債表　　　　　　　　　　　損益表

流動負債　非流動負債　資本　　　銷售成本　　銷售收入

流動資產　有形固定資產　　　　　銷售管理費用

無形固定資產　投資和其他資產　　營業利益

SPA型（自有品牌專業型零售）

　　分析這些財報時，要注意四大要點。

- 島村的財報有何特徵？
- 迅銷的成本率不高，為何銷售管理費用反而較高？
- 迅銷的有形固定資產為何較少？
- 島村的負債為何特別少？

✅ 島村的財報特徵

我們先來看島村的財報。

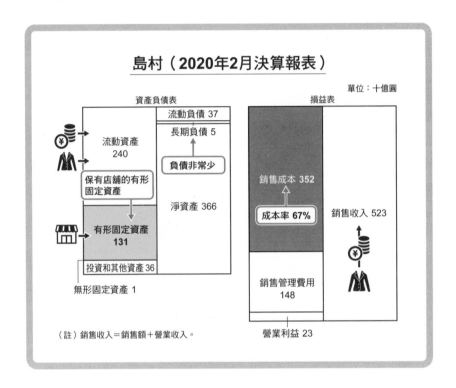

島村（2020年2月決算報表）

單位：十億圓

資產負債表

損益表

流動負債 37

長期負債 5

負債非常少

淨資產 366

流動資產 240

保有店鋪的有形固定資產

有形固定資產 131

投資和其他資產 36

無形固定資產 1

銷售成本 352

成本率 67%

銷售收入 523

銷售管理費用 148

營業利益 23

（註）銷售收入＝銷售額＋營業收入。

先看資產負債表的左邊，認列了 1,310 億圓的有形固定資產，這些都是店鋪的土地和建築物。一般來說，**零售業都有許多的店鋪資產**，島村的資產負債表也有同樣的特徵。

再來是損益表，島村的銷售收入（＝銷售額＋營業收入）高達 5,230 億圓，銷售成本也有 3,520 億圓，成本率（銷售成本占銷售收入的比例）為 67%。**通常零售業的成本率為 60-70%**，島村也符合零售業的特徵。

☑ 迅銷的成本率不高，為何銷售管理費用反而較高？

接下來我們看迅銷的財報。迅銷的財報採用 **IFRS**（**國際財務報告準則**），資產負債表的科目比較不一樣，但差異不大，頂多就是部分科目的名稱稍有更動罷了。各位閱讀時不用太在意。

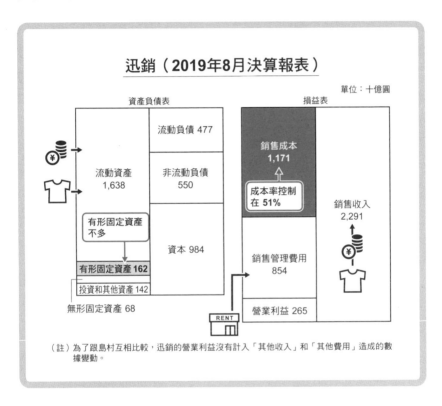

迅銷（**2019年8月決算報表**）

單位：十億圓

資產負債表

損益表

流動負債 477

流動資產 1,638

非流動負債 550

有形固定資產不多

資本 984

有形固定資產 162

投資和其他資產 142

無形固定資產 68

銷售成本 1,171

成本率控制在 51%

銷售收入 2,291

銷售管理費用 854

RENT

營業利益 265

（註）為了跟島村互相比較，迅銷的營業利益沒有計入「其他收入」和「其他費用」造成的數據變動。

首先值得注意的是，島村和迅銷的銷售成本有差異。島村的成本率是 67%，迅銷只有 51%。前面提到，零售業的成本率大多在 60-70%。成衣業的成本率再低一點，都在 40-50% 左右。因此，從成衣業的角度來看，島村的成本率太高，迅銷比較標準。

兩間公司的成本率差異關鍵在於他們的經營模式不同。請看下圖分析。

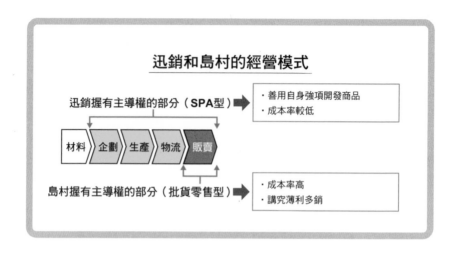

迅銷採用的是 SPA 經營模式（Specialty store retailer of Private label Apparel，又稱為自有品牌專業型零售），從企劃到生產販賣都由自家包辦。採用 SPA 經營，可以推出充滿原創特色的商品企劃。因此，迅銷生產的商品都有發揮自家的強項，也成功壓低了成本率（代表有較高的毛利率）。

另一方面，島村是跟批發商批貨來販賣，屬於批貨零售的經營模式。相較於迅銷的 SPA 經營模式，島村必須支付批發商保證金，成本率自然比較高。由此可見，島村需要建構出一套薄利多銷的經營模式。

島村成功實現薄利多銷的因素有二，一是商品賣完就不再進貨，二是各店鋪間有高度的物流系統。零售業一旦留下庫存，店鋪就必須降價求售，這種更改售價的做法會壓迫收益，所以島村的商品一賣完，就不會再下訂單。

再者，島村有綿密細緻的物流網絡，假設某家店鋪的商品先行賣完，就會調度其他店鋪的庫存來賣。多虧有這一套制度，能讓企業全體不會留下過多的庫存，也可以盡量避免降價求售的狀況發生。

接下來，說明兩家企業的銷售管理費用差異何在。島村的銷

售管理費率（銷售管理費用占銷售收入的比例）為 28%，迅銷為 37%，整整高出 9%。

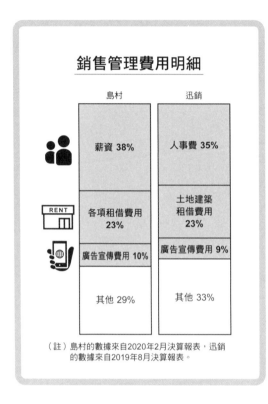

銷售管理費用明細

	島村	迅銷
	薪資 38%	人事費 35%
RENT	各項租借費用 23%	土地建築租借費用 23%
	廣告宣傳費用 10%	廣告宣傳費用 9%
	其他 29%	其他 33%

（註）島村的數據來自2020年2月決算報表，迅銷的數據來自2019年8月決算報表。

仔細比較島村和迅銷的銷售管理費用後，我們發現兩者的銷售管理費用中，三大費用的比例幾乎差不多。

三大費用分別是薪資（人事費）、各項租借費用（土地建築租借費用）、廣告宣傳費用。和迅銷相比，看得出來島村盡量壓低了這三大費用。

就以薪資費用來說，島村兼職和打工人員的比例高達八成，遠比迅銷高出許多（迅銷估計在四到五成）。

換句話說，島村試圖把人事費用控制在極低的水平。反過來說，迅銷的每一個科目都有付出該負擔的成本。以人事費用率來說（＝人事費 ÷ 銷售收入），島村的人事費用率為 11.2%，迅銷則為 13.2%。

合理推測，雙方的數字差異跟正職員工的比例有關。再來是各項租借費用（土地建築租借費用）占銷售收入的比例，島村是 6.5%，迅銷則是 8.6%。這些不同的差異，造就了兩者的銷售管理費用有別。

迅銷的有形固定資產少的原因

兩者的資產負債表中，最能突顯雙方差異的科目，莫過於有形固定資產了。**零售業會認列店鋪的土地和建築物，所以通常有形固定資產的規模較大。**從這個角度來看，島村保有一定的有形固定資產，這是零售業常見的現象。

不過，從迅銷的銷售收入和資產規模來看，他們的有形固定資產比例特別小。因為迅銷多半承租商城中的櫃位，連路上的店鋪和土地也是用租的。

再者，迅銷雖然採用 SPA 經營模式，商品卻是委託合作廠商生產，並沒有自己的工廠。**相較於其他零售業，迅銷屬於「一無長物」的經營模式。**然而，2020 年 8 月決算報表採用 IFRS 的新租賃準則（IFRS16），資產負債表的使用權資產大增，這一點要特別留意。

島村的負債特別少

再比對兩家企業資產負債表的右邊，島村的負債比例非常少，因為島村奉行「無負債」的經營政策。事實上，**島村的負債當中也有應付帳款這一類的科目，但幾乎沒有銀行借款那種需要支付利息的負債。**

相對地，迅銷的流動負債和非流動負債中，就有所謂的金融負債（要支付利息的債務）。兩者的資金調度方針不同，也造成了不同的負債比例。不過，迅銷的自有資本率（淨資產占總資本的比例）有 49%，並沒有安全問題。

比較重點！

島村和迅銷乍看之下都是做快時尚的企業，但細看兩者的財

報，會發現他們的經營模式有很大差異。島村採用批貨零售型的
經營策略，成本率較高，屬於薄利多銷的模式。迅銷則是 SPA 的
經營策略，成本率相對低。再者，迅銷跟一般零售業不同，有形
固定資產非常少，算是達成了「一無長物」的經營模式。

　　最後，總結一下兩家企業的經營模式特徵。

企業	經營模式的特徵
島村	低成本、無負債經營，屬於批貨零售型
迅銷	專賣優勢商品，一無長物，屬於 SPA 型

3 戶外活動用品和運動用品企業的銷售型態

接下來，我們來比較 ALPEN、GOLDWIN、WORKMAN 和雪諾必克這四家企業，他們都是販賣戶外活動用品和運動用品的企業。

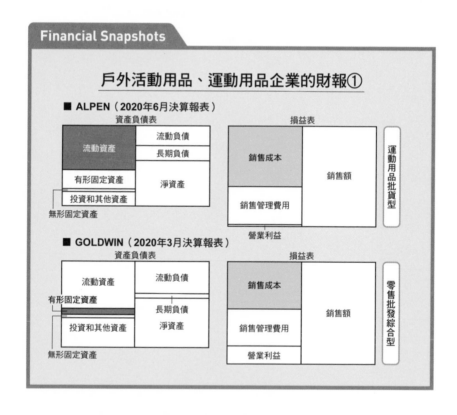

ALPEN 創業以來主要販賣冬季運動用品，近年也開始販賣高爾夫用品、戶外活動用品、一般運動用品。GOLDWIN 旗下的主力品牌「北面」，是販賣戶外活動用品的知名品牌。

WORKMAN 本來是販賣工廠或工地的作業服，近年來也有

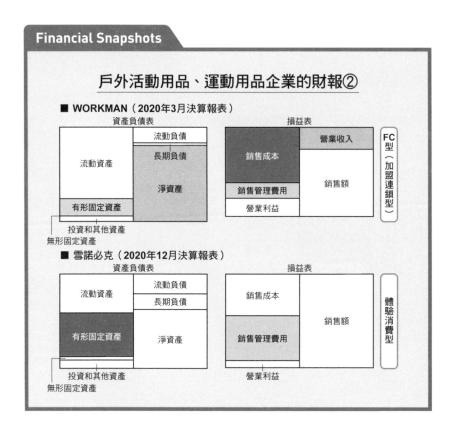

Financial Snapshots

戶外活動用品、運動用品企業的財報②

■ **WORKMAN**（2020年3月決算報表）

資產負債表

流動資產	流動負債
	長期負債
	淨資產
有形固定資產	

投資和其他資產
無形固定資產

損益表

銷售成本	營業收入
	銷售額
銷售管理費用	
營業利益	

FC型（加盟連鎖型）

■ **雪諾必克**（2020年12月決算報表）

資產負債表

流動資產	流動負債
	長期負債
有形固定資產	淨資產

投資和其他資產
無形固定資產

損益表

銷售成本	銷售額
銷售管理費用	
營業利益	

體驗消費型

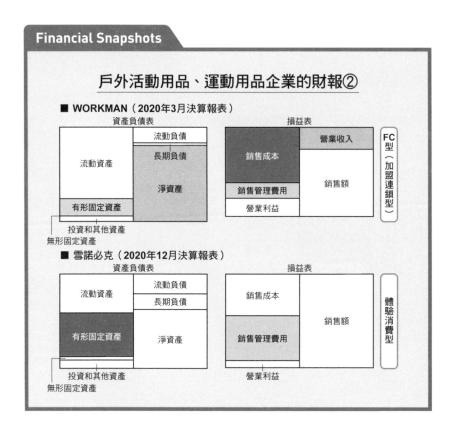

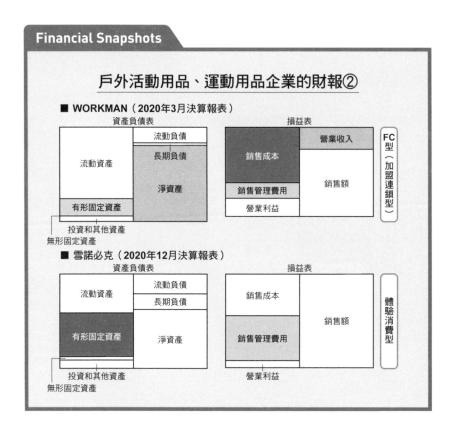

新推出「WORKMAN Plus」和「WORKMAN女性風」等類別，開始搶占休閒服飾的市場。雪諾必克是一家高級戶外用品企業，養出了一群狂熱的支持者，號稱「雪諾必客」。

分析這些企業的財報時，必須注意四大要點。

● ALPEN 業績重振的原因為何？
● GOLDWIN 業績大好的原因為何？
● WORKMAN 採用何種經營模式？
● 雪諾必克的有形固定資產為何增加？

Chapter 2

零售業和物流業的財報

55

首先來看 ALPEN 的財報。

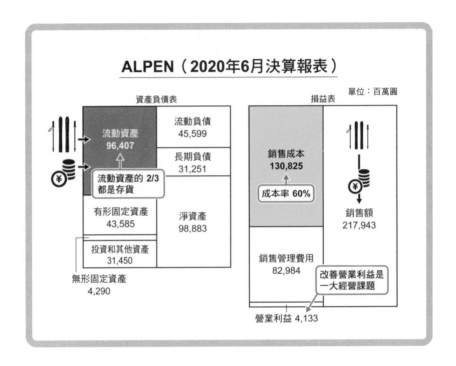

ALPEN（2020年6月決算報表）

ALPEN 最初是開店販賣滑雪用品，後來又推出專賣高爾夫球用具的店鋪，以及販賣一般運動用品的店鋪。最近還開了速效健身運動中心。

資產負債表認列了 435 億 8,500 萬圓的有形固定資產，估計就是拓展這些店鋪的關係。另外，還認列了 964 億又 700 萬圓的流動資產，其中 636 億又 200 萬圓是存貨（庫存）。

該企業的銷售額是 2,179 億 4,300 萬圓，他們的庫存相當於 107 天的銷售額。一般來說，零售業的庫存相當於 30 天的銷售額。因此，ALPEN 的庫存確實特別高。

有一部分的原因跟運動用品的特性有關，店頭需要有大量的

展示商品。同樣販賣運動用品的 XEBIO 控股，庫存也相當於 122 天的銷售額（2020 年 3 月決算數據）。不過，這些庫存確實壓縮到了收益。**畢竟要處理掉大量的庫存，就必須採用降價求售的銷售策略。**

ALPEN 的成本率（＝成本 ÷ 銷售額）是 60%。換句話說，銷售額的 40% 是**毛利（銷售毛利）**，但營業利益率才 2%。改善低落的營業利益率，是 ALPEN 的一大經營課題。而關鍵在於如何避免降價求售，來提高毛利率。

後來，ALPEN 減少進貨數量，店頭展示的品項也經過精挑細選。據說，有的店鋪品項減少了二至三成（資料來源：2020 年 12 月 8 日日本經濟新聞地方經濟中部版）。結果，2020 年 7 月初到 2020 年 12 月底，存貨只剩下 589 億 8,500 萬圓，毛利率為 43%，上升了三個百分點。

接下來，我們看損益表當中銷售管理費用的明細。員工的薪資在銷售管理費用中占了極大的比例，根據日本經濟新聞的報導，2019 年該企業提出優退制度，減少了一成人力。

待客能力優異的員工，負責尖峰時段的勤務；開店和關店前後的勤務，則交給兼職或打工的人力來處理。這一套方法提升了工作效率，也順利降低了人事成本。

另外，**ALPEN 也活用實體店鋪的優勢**。例如，提供高爾夫揮杆的動態分析服務，有些販賣戶外活動用品的店鋪，

ALPEN 銷售管理費用明細

2020年6月決算報表

員工薪資、獎金 29%

各項租借費用 25%

其他 46%

RENT

甚至還可以試搭帳篷。

　　這些手段也確實管用，2020 年 7 月初到 2020 年 12 月底，ALPEN 的營業利益率上升到 9%。他們重振業績的關鍵，就在於持續採用新的措施，強化店鋪競爭力，盡可能創造更高的收益。

⊘ GOLDWIN 業績大好的原因

　　下圖是 GOLDWIN 的財報。細看 GOLDWIN 的資產負債表，會發現他們**幾乎沒有認列有形固定資產**。光看這個部分你可能會以為，GOLDWIN 沒有自家店鋪，以批發為主要業務。

　　不過，GOLDWIN 的財務報告指出，自主管理賣場的銷售比例逐年上升，根據 2020 年 3 月決算報表，已經達到 57% 的水準。由此可見，**GOLDWIN 採用零售與批發混合的經營模式**，而不是以批發為主。

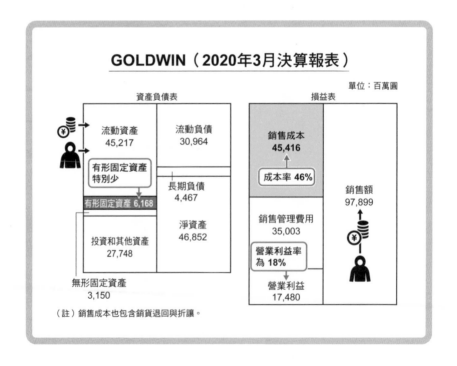

GOLDWIN（2020年3月決算報表）

（註）銷售成本也包含銷貨退回與折讓。

第二章前面也提到，迅銷從事零售生意，卻沒有龐大的有形固定資產，知名的優衣庫也是迅銷旗下的企業。迅銷的有形固定資產之所以不多，主要是他們的店鋪土地多半是租來的，並沒有自行持有的土地和建築物。GOLDWIN 也和迅銷一樣，採用「一無長物」的經營模式。

再來看損益表，GOLDWIN 的成本率是 46%，比 ALPEN 少很多。再重申一次，GOLDWIN 是零售和批發綜合。**一般來說批發業的成本率都比較高**，GOLDWIN 可以保持這麼低的成本率，**代表他們的主力品牌「北面」有極高的商品和品牌實力，所以能設定較高的價格來確保收益。**

另一個理由是，GOLDWIN 還採用一種叫**寄售採購**的手法，來從事批發業務。也就是庫存風險必須由製造廠商來負擔。**自行管理庫存風險的好處是，能夠提升商品的單價，實現極高的獲利性。**而採用寄售採購制度，**批發和零售的庫存皆可徹底控管，也成功避免了降價求售的問題。**

GOLDWIN 的**銷售管理費率（＝銷售管理費用÷銷售額）**為 36%，比 ALPEN 的 38% 更低。也多虧有較好的控管，GOLDWIN 締造出了極高的營業利益率，高達 18%。

✅ WORKMAN 的無負債經營

接下來，我們來看 WORKMAN 的財報。WORKMAN 的損益表清楚呈現了他們的經營模式。

首先，來看收入的部分（損益表右邊），除了銷售額以外還有認列營業收入。這是 **FC 型（加盟連鎖）**企業常見的特徵。營業收入就是來自加盟店的加盟收入。

截至 2020 年 3 月底，WORKMAN 總共有 868 家店鋪，其中 834 家是加盟店。加盟店的比例超過 96%，顯見 WORKMAN 的店鋪幾乎都是加盟店。

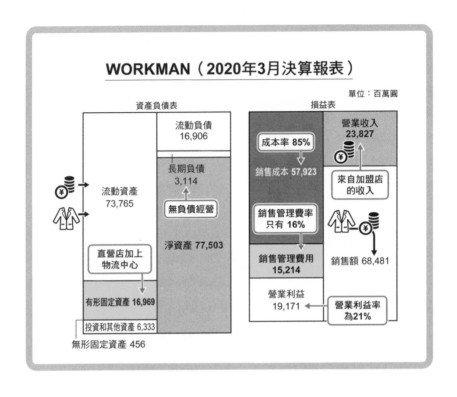

因此，WORKMAN 的成本率（＝銷售成本 ÷ 銷售額）高達85%。因為大部分的銷售額，都是總公司批貨給加盟店賺來的。

另一方面，店鋪的人事費用幾乎是加盟店自行吸收，所以銷售管理費用只占總收入（＝營業收入＋銷售額）的 16%。這也是他們的營業利益率（＝營業利益 ÷ 總收入）高達 21% 的原因。

而資產負債表當中，有認列 169 億 6,900 萬圓的有形固定資產，這些是認列直營店鋪加上物流中心的資產。至於負債方面，WORKMAN 沒有需要繳納利息的債務，自有資本率高達 79%，算是典型的無負債經營的企業。

⊘ 雪諾必克的體驗型消費

最後，我們一起來看雪諾必克的財報。

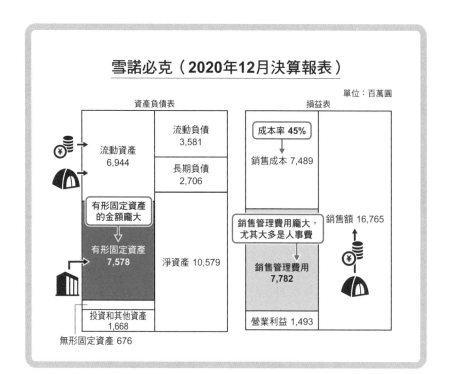

雪諾必克（2020年12月決算報表）

單位：百萬圓

資產負債表

流動資產 6,944	流動負債 3,581
有形固定資產的金額龐大	長期負債 2,706
有形固定資產 7,578	淨資產 10,579
投資和其他資產 1,668	

無形固定資產 676

損益表

成本率 45%

銷售成本 7,489

銷售管理費用龐大，尤其大多是人事費

銷售額 16,765

銷售管理費用 7,782

營業利益 1,493

　　雪諾必克的資產負債表有一大特徵，就是**有認列龐大的有形固定資產**，這一點跟前面介紹的幾家企業不同。事實上，雪諾必克的有形固定資產是近幾年大幅增加的。理由跟雪諾必克新推動的經營模式有關。

　　2020 年 7 月，雪諾必克在長野縣白馬村開設了一座綜合休閒設施（總投資額高達 10 億圓）。2022 年春天，也在新潟縣三條市開設一座水療設施，這一項總投資額高達 25 億圓。

　　開設這種體驗型的綜合設施，就是雪諾必克的有形固定資產大增的原因。近年來，販賣美好體驗的「**體驗型消費**」廣受矚目，雪諾必克就是一家重視體驗消費的企業。這也是雪諾必克增加有形固定資產的一大原因。

　　再看損益表，成本率為 45%，比 GOLDWIN 再低一點。雪諾必克和 GOLDWIN 一樣，採用批發和零售兼顧的模式，但雪諾必

克的零售比例為 32%，比 GOLDWIN 還要低。

一般來說，兼做零售和批發的企業，零售的比例較小（亦即批發的比例較大），則成本率有偏高的傾向。雪諾必克是生產露營用具的高級品牌，也培養出一批忠實的消費者，所以成本率才比 GOLDWIN 來得低。

雪諾必克成功建立品牌價值，店鋪員工絕對是不可輕忽的幕後功臣，他們有確實向消費者介紹商品的魅力。雪諾必克的直營店，還有批發據點（例如量販店中的專櫃）都有派總公司的銷售員進駐，向消費者說明商品的魅力。

這也是銷售管理費率略高的原因，高達 46%。其中，人事費用就占了銷售管理用費的 44%，也跟上面提到的經營模式有關。

不過，最終營業利益率能保持在 9%，代表較低的成本率（較高的毛利率）有正面的影響吧。

比較重點！

這一節我們介紹了 ALPEN、GOLDWIN、WORKMAN 和雪諾必克的財報，這四家企業都是販賣戶外活動用品和運動用品。不同的銷售型態和經營模式，造就不同的資產和獲利結構。

ALPEN 主要經營運動用品店，將批來的貨交由店鋪販賣。庫存會大幅影響收益性，所以批貨和庫存的方針至關重要。

GOLDWIN 有「北面」的品牌價值，同時又採用寄售採購的手法，將庫存風險交由製造商來承擔，締造了不錯的利益率。

WORKMAN 的事業以加盟店為主體，損益表中也有認列營業收入。大部分的銷售額也來自加盟店批貨的收入，因此成本率較高（毛利率較低）。然而，WORKMAN 的銷售管理費用壓在相當低的水平，也享有極高的利益率。

雪諾必克開始重視「體驗消費」，並透過綜合設施來達成此一目標，因此有形固定資產部位大增。另外，雪諾必克販賣高級

的戶外活動用品，成本率並不高。多虧店員細心說明商品魅力，才能維持高度的品牌價值，這也是銷售管理費用較高的原因。

　　最後，總結一下各家企業的經營模式有何特徵。

企業	經營模式的特徵
ALPEN	販賣運動用品，屬於批貨販賣型
GOLDWIN	販賣運動服，屬於零售和批發綜合型
WORKMAN	販賣工務用品、休閒服飾，屬於加盟型
雪諾必克	販賣露營用品，屬於零售和批發綜合型，逐漸轉型成體驗消費型

4 | 宜得利的併購戰爭，材料商、裝潢材料 SPA 和網路企業的財報差異

接著來比較 DCM 控股、宜得利控股和 MonotaRO，這三家企業都是販賣工具、雜貨和裝潢材料這一類的商品。

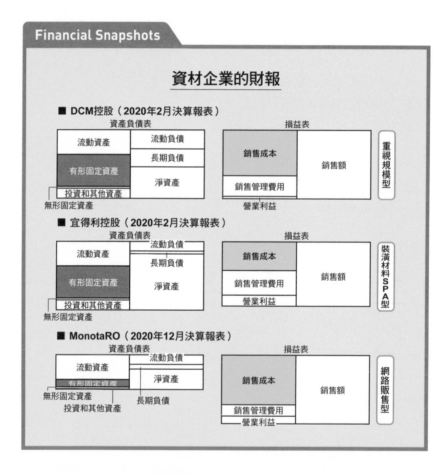

Financial Snapshots

資材企業的財報

■ DCM控股（2020年2月決算報表）

資產負債表 ／ 損益表 ／ 重視規模型

■ 宜得利控股（2020年2月決算報表）

資產負債表 ／ 損益表 ／ 裝潢材料SPA型

■ MonotaRO（2020年12月決算報表）

資產負債表 ／ 損益表 ／ 網路販售型

2005 年三家大型材料商 Kahma、DAIKI 和 Homac，共同組成 DCM 控股，成為業界最大的資材企業。宜得利控股則主打「物美價廉」的策略，從事家具和雜貨零售。

DCM 控股和宜得利控股，曾經爭相併購島忠企業，島忠主要經營材料行和家具零售。起先島忠同意 DCM 控股的併購案，不料宜得利控股加入這一場併購大戰。最終，島忠的經營團隊同意宜得利的併購案。2020 年 12 月宜得利控股提出的公開收購案成立，贏得了這一場併購戰爭。

MonotaRO 主要是在網路上販賣 MRO（Maintenance, Repair and Operating）間接資材（工具或耗材，非用於生產的物料）。

在分析這些企業財報時，要注意三大要點。

- DCM 控股提升利益率的關鍵為何？
- 宜得利控股如何贏得併購戰爭？
- MonotaRO 如何開拓藍海市場？

⊘ DCM 控股提升利益率的關鍵

首先來看 P66 DCM 控股的財報。前面提到，Kahma、DAIKI 和 Homac 這三家企業在 2005 年組成 DCM 控股。後來在 2008 年、2009 年、2015 年和 2016 年先後取得國內北部、關東、關西等地的大型材料商，2017 年又和關東暨關西的材料商進行資本與業務合作。

截至 2020 年 2 月底，DCM 旗下企業共有 673 家店鋪，Keiyo 的店鋪就占 172 家，堪稱日本最大的連鎖材料行。由於認列旗下店鋪的土地和建築物，因此資產負債表當中有形固定資產高達 1,960 億圓。再者，**材料行販賣的商品體積較大，店鋪也需要大一點的面積。這也是材料商有形固定資產較大的原因。**

再來看損益表，成本率（＝銷售成本 ÷ 銷售額）為 66%。**零售業的成本率多半在 60-70%**，這個數字算是平均水準。銷售管理費率（＝銷售管理費用 ÷ 銷售額）為 29%，營業利益率

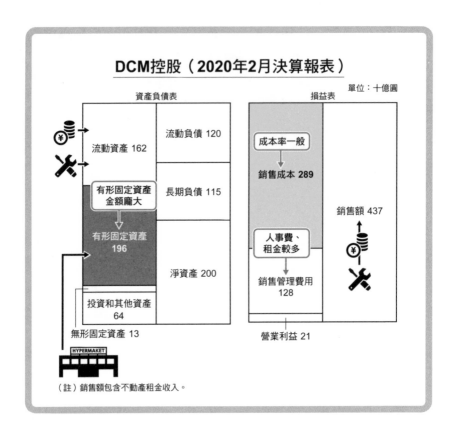

DCM控股（2020年2月決算報表）

單位：十億圓

資產負債表

流動資產 162

流動負債 120

長期負債 115

有形固定資產
金額龐大
↓
有形固定資產
196

淨資產 200

投資和其他資產
64

無形固定資產 13

HYPERMAKET

（註）銷售額包含不動產租金收入。

損益表

成本率一般
↓
銷售成本 289

人事費、
租金較多
↓
銷售管理費用
128

營業利益 21

銷售額 437

（＝營業利益 ÷ 銷售額）則為 5%。

　　人事費和各項租借費用，占了銷售管理費用很大一部分。近年來，人事費用上漲普遍壓縮到零售業的收益性，但要開店做生意，也不可能大幅刪減人事成本。不過，多虧 DCM 控股推動**數位轉型**（**Digital transformation**，利用數位化技術改革經營模式），**未來人事成本還有下降的空間**。持續推動這些改革，是至關重要的課題。

　　另一個可刪減的項目是銷售成本。DCM 控股利用統合策略擴大企業規模，主要理由是**規模經濟**（擴大規模以求刪減成本）**可以降低成本率**（從獲利的角度來看，會提升銷售毛利率）。

　　根據 DCM 控股的財報資料，2016 年 2 月決算時銷售毛利率

DCM 控股的銷售
管理費用明細

2020年2月決算報表

薪資 34%

各項租借費用 23%

RENT

折舊 8%

其他 35%

為 31.4%，到了 2020 年 2 月決算時為 33.6%，上升了兩個百分點。另外，DCM 自有品牌的商品構成比也從 13.1% 上升到 21.4%。一般來說，**自有品牌比全國性品牌更能降低成本率**，所以提升自有品牌的比例，有助於提升銷售毛利率。

不過，利潤較低的日用消耗品也越賣越多，近年來 DCM 控股的銷售毛利率，上升趨勢也有鈍化的現象了。有鑑於此，應該多賣一些利潤較高的商品。

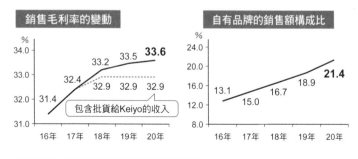

DCM 控股的自有品牌政策

銷售毛利率的變動

| | | | |
%
34.0
33.6
33.5
33.2
33.0
32.4
32.9 32.9 32.9
32.0
31.4
包含批貨給Keiyo的收入
31.0
16年 17年 18年 19年 20年

自有品牌的銷售額構成比

%
24.0
20.0
21.4
18.9
16.0
16.7
13.1
15.0
12.0
8.0
16年 17年 18年 19年 20年

（資料來源）DMC控股2020年2月決算補充說明資料

Chapter 2

零售業和物流業的財報

✅ 宜得利控股成功收購島忠的原因

再來，我們來看宜得利控股的財報。

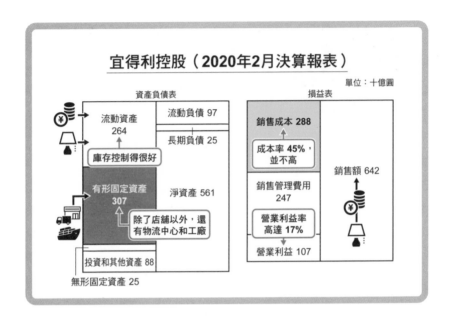

宜得利控股（2020年2月決算報表）

單位：十億圓

資產負債表

流動資產 264	流動負債 97
	長期負債 25
庫存控制得很好	
有形固定資產 **307**	淨資產 561
除了店鋪以外，還有物流中心和工廠	
投資和其他資產 88	

無形固定資產 25

損益表

銷售成本 **288**	銷售額 642
成本率 **45%**，並不高	
銷售管理費用 247	
營業利益率高達 **17%**	
營業利益 107	

宜得利控股的資產負債表當中，也有龐大的有形固定資產（3,070 億圓）。這包含了店鋪的土地和建築物，以及物流中心和越南的家具製造工廠。

宜得利控股和前面提到的迅銷一樣，都是採用 SPA 的經營模式。宜得利控股不只有自己的工廠，還有跟外部工廠合作生產家具，並透過自家的店鋪流通販賣。

一般的家具零售業者都是跟廠商進貨來賣，宜得利控股不用這樣的方式，所以有認列工廠和物流中心這類的有形固定資產。

採用 SPA 經營模式的企業，成本率多半比較低（代表銷售毛利率較高），因為利潤不用分給外部廠商和中盤商。事實上，宜得利控股的成本率才 45%，遠低於零售業的平均水準。這也造就了極高的營業利益率，高達 17%。

另一方面，SPA 模式也不是完全沒有弱點。過往的家具零售業，可以把庫存風險分散給廠商或中盤商，但 **SPA 模式的企業必須自行承擔，調整較為困難，庫存量也容易上升。**

然而，宜得利控股的**存貨周轉天數（＝存貨 ÷ 平均每日銷售額，代表庫存賣出要花多少時間）**，也才 37 天。順帶一提，DCM 控股的存貨周轉天數是 85 天。由此可見，宜得利控股的庫存控制得多好。

庫存控制得當有兩大好處，一是不用降價求售來消化庫存。**降價求售會壓縮到企業收益。不必降價，就能提升獲利水準。**

另一個好處是，不必耗費資金在庫存上。保有大量的庫存，代表耗費大量的現金進貨。保有的庫存不多，現金就可以進行有效的投資利用。因此，**控制好庫存也能提升資金的應用效率。**

以上的結果造就了穩固的財務基礎，宜得利控股的獲利率極高，自有資本率更高達 82%。有這樣的財務基礎，宜得利控股在收購島忠時，才有辦法提出比 DCM 控股更好的價格條件。

當然，宜得利控股收購島忠的主要原因在於，過去宜得利的店鋪多半開在郊區，**開發市區據點是未來成長的關鍵。**島忠的家具店和材料行大多開在首都圈，是一個非常有魅力的收購標的。宜得利控股得以提出有利的收購價格，全賴堅實的財務基礎。

✓ MonotaRO 開拓藍海市場

最後，我們來看 MonotaRO 的財報。把資產負債表和損益表放在一起，會發現資產負債表的規模比損益表小得多。理由在於 **MonotaRO 採用網路販售，除了物流中心以外不需要有形固定資產，而且庫存也不多。**

MonotaRO 的存貨周轉天數才 28 天，連庫存管理得當的宜得利都沒這種水準。他們販賣的商品超過 1,800 萬項，但庫存才 47.6 萬項（截至 2020 年 12 月底的數據），只有熱銷商品才備有

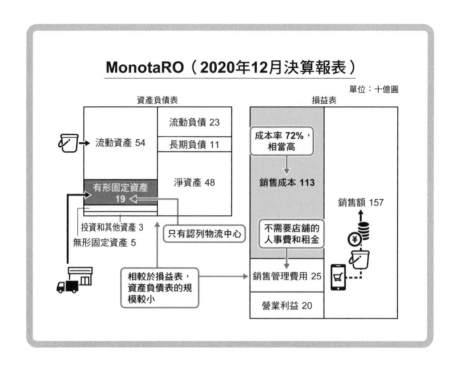

MonotaRO（2020年12月決算報表）

單位：十億圓

資產負債表

流動資產 54	流動負債 23
	長期負債 11
有形固定資產 19	淨資產 48

投資和其他資產 3
無形固定資產 5

只有認列物流中心

相較於損益表，資產負債表的規模較小

損益表

成本率 **72%**，相當高

↓

銷售成本 113

不需要店鋪的人事費和租金

銷售管理費用 25

營業利益 20

銷售額 157

較多庫存，合理推測這就是 MonotaRO 庫存少的原因。

接下來看損益表，MonotaRO 的成本率為 72%，比 DCM 控股高。儘管他們也有開發自有商品壓低成本率，但近來和大企業的交易增加。販賣商品給大企業通常要給較高的折扣，而 MonotaRO 又以低價販賣間接資材，銷售毛利率自然不會太高。

不過，MonotaRO 還是有相當不錯的利潤，最主要的原因是**銷售管理費用偏低。因為沒有實體店鋪，不需要人事成本和租金**。再者，根據鈴木社長的說法，他們的公司**沒有編列業務人員**（資料來源：日經商業新聞 2016 年 2 月 8 日報導）。這也是銷售管理費用偏低的一大原因。綜合上述幾點，MonotaRO 享有極高的營業利益率，高達 13%。

根據 MonotaRO 估計，間接資材有 5–10 兆圓的市場。市場規模如此龐大，MonotaRO 如何**開拓藍海市場（競爭者較少的新市場）**？

MonotaRO的經營模式

■ 經營模式比較

以往的販賣方法	MonotaRO提供的價值

對不同顧客提供不同的價格，價格不透明

一物一價主義
・替小額購買的顧客省下麻煩（人事成本）

勞力集中型，市場較小

以標準化和資訊技術為基礎，降低成本
・利用網路販售，讓國內的每一位顧客都能滿足不同的商品需求。
・開發廉價又好用的自製系統，進行有效率的控管，發揮市場規模的效益。

推銷給業務員的熟客

以資料庫開闢市場
・建立先進的資料庫，活用龐大的資料來行銷，代替業務人員

品項有限，選擇不多

品項豐富，一站購足，盡可能當天出貨
・販賣品項：超過1,800萬項
・當日出貨品項：53.1萬項
・庫存：41.8萬項

多為高價品牌

有價值的自有品牌
・活用市場規模，從海外低價進貨
・根據顧客需求提供最適當的商品

（資料來源）MonotaRO法說會資料（2019年3月17日）

　　過去販賣間接資材的廠商，都是業務員和顧客之間自行議價。每一位顧客拿到的價格都不一樣，相當不透明。另外，品項也非常有限，選擇並不多。

　　不僅如此，商品賣得好或不好全仰賴業務員的實力，過於講究勞力的效益，市場和商機也相對較小。因此，有些中小企業的生意反而沒做到。

　　MonotaRO 看準這一點，採用一物一價的方針，**減少顧客議價的麻煩。同時，利用網路販售搶占全國市場。有了完善的資料庫以後，不再需要仰賴業務員的個人實力**。這些政策廣受中小企業好評，MonotaRO 的銷售額也有長足的進展。

　　隨著企業不斷成長，MonotaRO 販賣的品項也越來越多，不少大企業想用更有效率的方式添購間接資材，MonotaRO 也顧慮

到了他們的需求。本來間接資材只能去各據點購買,現在透過總公司的系統,可以一次買足。大企業添購商品講究流程「公開透明」,MonotaRO 成功辦到了這一點。

以往販賣間接資材的市場非常沒有效率,**MonotaRO 透過網路提供有效率的採購方法,因而成功開闢出藍海市場。**

比較重點!

前面我們看了好幾家材料商和家具商的財報。DCM 控股和宜得利控股,曾經爭相併購島忠企業,決定這一場併購大戰的成敗關鍵,就在於雙方的財務體質。MonotaRO 採用有效率的經營模式,改善了以往缺乏效率的市場,這便是他們成功開闢藍海市場的主因。

最後,總結一下各家企業的經營模式有何特徵。

企業	經營模式的特徵
DCM 控股	材料商,屬於重視規模型
宜得利控股	販賣家具和裝潢材料,屬於 SPA 型
MonotaRO	銷售管理費用低,屬於網路販售型

5 | 丸井的據點不賺錢，為何收益不錯？ 用財報分析百貨公司的未來型態

　　接下來，我們看**丸井集團**（以下簡稱丸井）和**三越伊勢丹控**
股（以下簡稱三越伊勢丹）的財報。

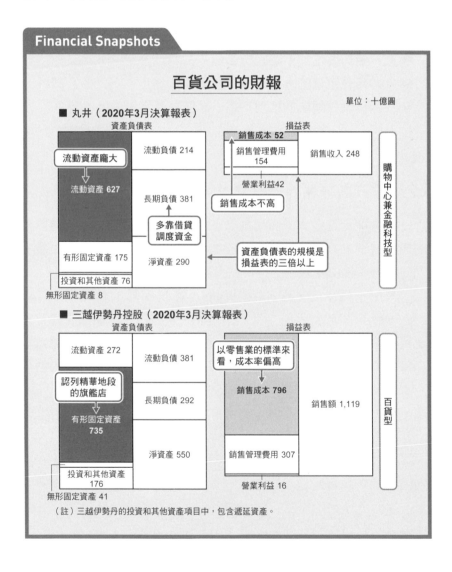

Financial Snapshots

百貨公司的財報

單位：十億圓

■ 丸井（**2020年3月決算報表**）

資產負債表　　　　　　　　　　　損益表

資產負債表		損益表	
流動資產龐大↓ 流動資產 **627**	流動負債 214	銷售成本 52 銷售管理費用 154 營業利益42	銷售收入 248
	長期負債 381 **多靠借貸調度資金**	**銷售成本不高**	
有形固定資產 175	淨資產 290	**資產負債表的規模是損益表的三倍以上**	
投資和其他資產 76			

無形固定資產 8

購物中心兼金融科技型

■ 三越伊勢丹控股（**2020年3月決算報表**）

資產負債表　　　　　　　　　　　損益表

資產負債表		損益表	
流動資產 272	流動負債 381	**以零售業的標準來看，成本率偏高**	銷售額 1,119
認列精華地段的旗艦店↓ 有形固定資產 **735**	長期負債 292	銷售成本 **796**	
	淨資產 550	銷售管理費用 307	
投資和其他資產 176		營業利益 16	

無形固定資產 41

百貨型

（註）三越伊勢丹的投資和其他資產項目中，包含遞延資產。

丸井和三越伊勢丹都是經營百貨業，但兩者的經營策略和模式有極大的差異。誠如各位所知，新冠疫情爆發對百貨業造成重大的打擊，故本節只比較 2020 年 3 月決算報表，來分析兩家企業的差異，因為當時疫情的影響還沒那麼大。

在分析兩家企業財報時，要注意下列五大要點。

- 丸井的資產負債表為何規模特別大？
- 丸井的毛利率為何大幅超越三越伊勢丹？
- 丸井為何要增加不賺錢的店面？
- 丸井用什麼樣的方法減少有息債務？
- 三越伊勢丹開店的地點不錯，他們是否活用這項優勢？

從丸井的資產負債表看出企業經營重心

把丸井的資產負債表和損益表放在一起，會發現**資產負債表的規模特別大**。三越伊勢丹的資產負債表和損益表規模差不多，丸井的資產負債表規模卻是損益表的三倍以上。

其中一個原因，跟前面提到的「**寄售採購**」有關係（詳見 P58-59）。對於寄售所產生的銷售額，丸井採用**淨額法認列**（只認列扣除成本後的損益）；三越伊勢丹則採用**總額法認列**（認列商品售價的總額）。（2022 年開始採用新的會計基準，三越伊勢丹的寄售銷售額，也必須採用淨額法認列）。這是會計方法不同所產生的差異，另一個關鍵是，雙方的經營模式大相逕庭，這也對丸井的資產負債表和損益表造成重大影響。

分析的關鍵在於流動資產，丸井的流動資產高達 6,270 億圓，三越伊勢丹的流動資產只有 2,720 億圓。三越伊勢丹的銷售額高達 1 兆 1,190 億圓，丸井的銷售收入只有 2,480 億圓。三越伊勢丹的銷售額是丸井的四倍以上。可見丸井的流動資產金額非

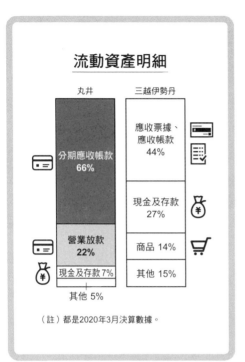

流動資產明細

丸井　　　　　　三越伊勢丹

分期應收帳款
66%

應收票據、
應收帳款
44%

現金及存款
27%

營業放款
22%

商品 14%

現金及存款 7%

其他 15%

其他 5%

（註）都是2020年3月決算數據。

丸井的各項業務收入

2016年3月決算　　2020年3月決算

金融科技事業
34%

金融科技事業
55%

零售業
66%

零售業
45%

常龐大。以下就來看丸井和三越伊勢丹的流動資產明細。

丸井的流動資產當中，最多的是**分期應收帳款**和**營業放款**，共占了流動資產的88%。三越伊勢丹的流動資產也有44%的應收票據、應收帳款，但從金額和比例來看，丸井的分期應收帳款和營業放款特別引人注目。這和丸井大力推動**金融事業**有關，丸井推出 EPOS Card 打入信用卡市場。

左下圖表有丸井的各項業務收入，2016年3月決算時，金融科技業務還只占 1/3 左右，到了 2020 年 3 月決算時，已經比零售業還高了。丸井的財務報告也指出，金融科技賺取的利潤，將近零售業的四倍。

前面提到的分期應收帳款，是客戶使用信用卡所產生的應收帳款，營業放款則是客戶使用現金卡所產生的貸款。丸井的金

融科技業持續成長，分期應收帳款也越來越龐大。**所以轉換經營重心，就是資產負債表規模遠大於損益表的原因之一。**而三越伊勢丹 2020 年 3 月決算時，金融、信貸和購物卡業務只占銷售額的 2%，**主力還是放在百貨業，占銷售額的 92%。**

✅ 丸井的毛利率大幅超越三越伊勢丹的原因

來比較丸井和三越伊勢丹的成本率（＝銷售成本 ÷ 銷售額），丸井為 21%（毛利率 79%），三越伊勢丹為 71%（毛利率 29%）。

一般來說，零售業的成本率約 60–70%，三越伊勢丹的成本率偏高，但沒有偏離正常水準太多。反觀**丸井的成本率則非常低**。其中一個理由剛才也講到，丸井轉移了事業重心。**金融科技業幾乎沒有銷售成本**。另一個理由隱藏在零售業務中。

來看丸井的零售業收入明細，2016 年和 2020 年 3 月決算的數據顯示，商品銷售額和寄售銷售額（淨額）的比例大幅下滑。寄售是指店頭商品不算企業的庫存，而是廠商的庫存，只有在賣出商品後才算進貨，並計入銷售額當中。這是百貨業常見的販賣模式。

採用寄售的好處在於，**百貨公司不必保有商品庫存，庫存管理責任在廠商身上，所以進貨的價格比較高。**廠商承擔庫存風險，自然會訂出較高的價格。因此，使用寄售的百貨公司利益率較低，若**想確保一定的利益率，就**

丸井零售業銷售收入明細

2016年3月決算	2020年3月決算
相關事業收入 18%	相關事業收入 22%
租金收入 6%	租金收入 38%
寄售銷售額（淨額）22%	寄售銷售額（淨額）7%
商品銷售額 55%	商品銷售額 33%

得提高商品售價。再者，百貨公司也缺乏進貨品項的主導權，難以靈活應對消費者的需求。像三越伊勢丹這一類尚未轉型的百貨業，業績和成長性越來越不好，也跟這些陳舊的經營模式脫不了關係。

相對地，丸井的零售業收入中，**租金收入**的比例越來越大。從這一點不難發現，**丸井的零售業從百貨公司轉型為購物商城**。

他們不只販賣廠商提供的商品，甚至還把閒置的店面出租給其他業者，藉此賺取穩定的銷售收入和利益。這便是丸井經營零售業的方針，**租賃事業幾乎不需要成本，因此丸井的成本率極低（代表毛利率很高）**。

⊘ 丸井為何要增加不賺錢的店面？

總結前述，丸井的戰略轉換關鍵有二，一是改走金融科技事業（信用卡），二是轉型成購物商城型態。

EPOS Card 的實際年利率是 18%（2021 年 7 月數據），放款所需的資金多半是靠有息負債調度的。簡單說，**丸井的金融科技業的利潤，就是信用卡的利息減去有息負債**。現在調度資金的利息一直都不高，丸井的金融科技事業才能持續保有高利潤。

另外，前面也提到，零售業轉型成購物商城型態以後，丸井建立了一套獲利穩定的經營模式，不再受客戶的需求影響。這些就是丸井收益性極高的因素。

然而，根據 2021 年 7 月 13 日的日本經濟新聞早報，丸井預計在 2026 年 3 月決算以前，將三成左右的賣場面積改成「非營利店面」。這些非營利店面主要用來介紹相關企業的商品，提供試用體驗，而不以追求營利為目的。

丸井將零售業當成開拓客源的手段，才敢於採取這種策略。如今丸井的收益主力是金融科技業，利用非營利店面吸引人氣，增加更多的信用卡客戶，有助於提升收益。

零售業和物流業的財報

✅ 丸井調整債權流動，減少有息債務

　　金融科技業是丸井享有高度利潤的關鍵，信用卡的放款利息減去調度資金的利息，便是丸井的收益來源。如果丸井想要更多利潤，勢必得擴大金融科技業的規模。

　　問題在於，該如何調度放款的資金。**要省下資金調度的成本，利用有息負債來調度資金是合理的做法。但太過依賴有息負債，會威脅到**企業安全性。再者，丸井的 KPI（Key Performance Indicators 關鍵績效指標）中還有一項 ROIC（投入資本回報率＝稅後營業淨利 ÷〔有利息負債＋淨資產〕）。增加太多的有息負債，會使 ROIC 降低。

　　因此，丸井推動債權流動（應收帳款承購），來壓低有息負債。所謂的債權流動，就是轉讓一部分營業債權（分期應收帳款、營業放款）來調度資金。利用債權流動的方式，將調度的資金拿去還有息負債，即可減少有息負債持續膨脹。另外，債權流動也會帶來債權轉讓利益。所謂的債權轉讓利益，就是在轉讓債權時先認列未來取得應收帳款所產生的利益（利息）。

　　丸井調整債權流動的實施水準，成功控管了金融科技業的資產和利潤。分析丸井的業績時，要留意債權流動化的動向。

✅ 黃金地段店鋪是三越伊勢丹的最強優勢

　　三越伊勢丹的資產負債表中，規模最大的是有形固定資產，占總資產的 60%。旗下有許多黃金地段的旗艦店，好比三越日本橋本店、三越銀座本店、伊勢丹新宿本店等等。**這些店鋪對三越伊勢丹來說，無疑是莫大的營業資產和優勢。**

　　三越伊勢丹的細谷敏幸社長表示，他們打算重新開發伊勢丹新宿本店和三越日本橋本店這兩家旗艦店（資料來源：2021 年 6 月 7 號日本經濟新聞早報）。如何活用這些黃金地段的店鋪，帶

動市鎮建設，將是決定三越伊勢丹未來業績的關鍵。

比較重點！

這一篇我們比較了丸井和三越伊勢丹兩大知名的百貨業。

丸井將零售業轉換成購物商城型態，業務主力也放在金融科技業上頭，成功擺脫既有的百貨業型態，達到全新的經營模式。丸井重新定義獲利手段，用廣大的客源取代了零售的店頭和售貨技巧，這便是他們成功確立嶄新模式的原因。

隨著新冠肺炎在全球延燒，觀光消費和內需皆大幅衰退，可以想見百貨業的業績還會持續低迷一陣子。丸井的業績也受到影響，但**丸井的零售業只是維持和擴大客源的手段，跟一般的百貨業相比，受到的影響應該比較小**。

另外，丸井還開創全新的事業，也就是投資那些對金融科技業有加乘效果的企業（丸井稱之為**共創投資**）。剛才提到的非營利店面，也會保留給那些有力的投資企業。以金融科技業為發展核心，是丸井未來的獲利關鍵。

另一方面，三越伊勢丹以黃金店面推動市鎮建設，亦是今後發展的焦點。細谷社長在接受日本經濟新聞採訪時還提到，新宿和日本橋的再開發案，將是耗時 10-20 年的長遠企劃。三越伊勢丹會活用實體店鋪的優勢，帶動全市鎮提升收益。能否達成這種經營模式，也是未來的成敗關鍵。

最後，總結一下兩家企業的經營模式有何特徵。

企業	經營模式的特徵
丸井	購物商城型態，屬於金融科技業
三越伊勢丹	屬於百貨業

6 透過綜合貿易公司和專業貿易公司的財報，注意不同的會計準則

　　這一章的最後我們來看兩家企業的財報，一是專門販賣醫藥品的**美迪發路控股**（以下簡稱美迪發路），二是綜合貿易公司**伊藤忠商事**。

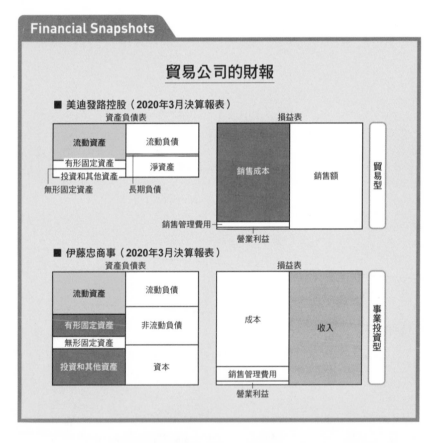

Financial Snapshots

貿易公司的財報

■ 美迪發路控股（2020年3月決算報表）

資產負債表　　　　　　　　　　　損益表

流動資產／流動負債
有形固定資產
投資和其他資產／淨資產
無形固定資產　　長期負債

銷售成本／銷售額

銷售管理費用
營業利益

貿易型

■ 伊藤忠商事（2020年3月決算報表）

資產負債表　　　　　　　　　　　損益表

流動資產／流動負債
有形固定資產／非流動負債
無形固定資產
投資和其他資產／資本

成本／收入

銷售管理費用
營業利益

事業投資型

　　2000 年，三星堂、倉屋藥品、東京醫藥品合併為美迪發路，並以倉屋三星堂為經營主體，之後又大量併購，是一家專賣醫藥品的貿易公司。伊藤忠商事是業界一流的綜合貿易公司，有別於

三菱商事和三井物產，伊藤忠商事不是由財閥建立的。近年來，伊藤忠商事也積極併購，好比收購體育用品製造商迪桑特，還有對全家便利商店提出公開收購。

分析這兩家企業的財報時，要注意四大要點。

- 美迪發路利益率不高的兩大因素為何？
- 提升美迪發路收益性的關鍵何在？
- 伊藤忠商事的經營特色為何？
- 分析貿易公司的財報時，要注意哪些會計準則的要點？

☑ 美迪發路利益率不高的兩大因素

先來看美迪發路的財報。

首先我們發現，美迪發路的**損益表規模比資產負債表大多**

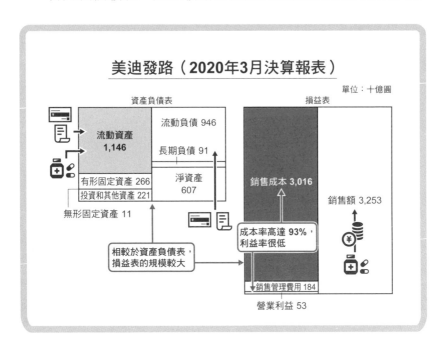

美迪發路（2020年3月決算報表）

單位：十億圓

資產負債表

流動資產 1,146

流動負債 946

長期負債 91

有形固定資產 266
投資和其他資產 221

淨資產 607

無形固定資產 11

相較於資產負債表，損益表的規模較大

損益表

銷售成本 3,016

銷售額 3,253

成本率高達 93%，利益率很低

銷售管理費用 184

營業利益 53

了。**貿易公司和批發商是透過商品流通獲利的，也就是從**供應鏈（商品的供給流程）**的上游流通到下游，所以損益表規模通常比較大**。不過，認列銷售額（收入）的基準，也會影響到損益表的規模，關於這一點我們後面會再提到。

資產負債表左邊（資產部分）最大的是流動資產（1 兆 1,460 億圓）。而流動資產當中，最大的科目是應收票據和應收帳款，總共 6,890 億圓。

提供交易所需的金融服務，也是貿易公司的一項機能。也就是販賣商品給客戶以後，**提供一段延後付款的時間，讓客戶有更充裕的**資金調度空間。**因為貿易公司有這樣的功能，應收帳款也有較大的傾向。**

有形固定資產認列 2,660 億圓，這是全國各地的分店和物流設施。像醫院這一類的醫療機構散布全國各地，各地也必須設置分店和物流設施，來滿足醫療機構的需求。

資產負債表的右邊（負債部分）有 9,460 億圓的流動負債，絕大多數是用來進貨的應付票據和應付帳款（8,840 億圓）。

接下來我們看損益表，銷售額高達 3 兆 2,530 億圓，銷售成本同樣高達 3 兆 160 億圓。成本率（＝銷售成本 ÷ 銷售額）為 93%，銷售額扣掉銷售成本和銷售管理費用，才 530 億圓（營業利益率才 1.6%）。

為什麼美迪發路的利益率如此低呢？其一是批發業的利益率本身就不高，再來跟醫療藥品的特性有關。

綜合貿易公司以外的批發業者，營業利益率平均為 2-3%。現在廠商和零售店逐漸統合，批發商也用各式各樣的方法提升利益率。但批發業的作用就是把廠商手中的商品流通到零售店手中，附加價值並不高，這也是利益率低的原因。

另一個原因，跟醫療藥品的特性有關。醫療藥品的價格**由政府制定，很難提升利潤。**美迪發路的渡邊秀一社長，曾經解釋過利潤偏低的原因。他的說法是，國民都有受到保險制度的保障，

產業本身也牽涉到稅金運用，利潤自然高不起來（資料來源：日經商業新聞 2017 年 12 月 11 日號）。再者，**現在廉價的學名藥普及，也壓迫到醫藥商的利潤。**

☑ 美迪發路提升收益性的關鍵

在這種情況下，美迪發路究竟採取了什麼措施呢？主要有以下三大方向。

第一，**擴大非醫療藥品的市場**。根據美迪發路的各項業務資訊，醫療藥品批發事業的營業利益率才 1.2%。化妝品、日用品、一般藥品的營業利益率則有 2.4%。動物用藥品、食品加工原物料的營業利益率也有 2.9%。這些批發業務都比醫療藥品來得好賺。

藥妝產業的市場有擴大的傾向，如果能順利拓展醫療藥品以外的事業，就有機會提升企業的利益率。不過，藥妝產業也將面臨合併或重整的命運，未來附加價值也有降低的風險，這一點必須留意。

第二是**打造全新的事業**。過去藥廠的 MR（醫藥業務代表）要對外推銷藥物，現在美迪發路提供代銷服務。

這一項業務主要是代替藥廠，對醫療機構進行藥品推銷的工

美迪發路的新事業（培育業務代表）

排名	企業	業務代表人數
1	安斯泰來製藥	2,400
2	武田藥品工業	2,300
3	輝瑞	2,238
4	第一三共	2,200
5	MSD	2,000

美迪發路的業務代表人數
（通過認證考試人數）
2,298（2019年1月底數據）

（資料來源）美迪發路中期展望（2019年5月16日）

作。如上圖所示，美迪發路的**業務代表（通過認證考試的人數）**規模是國內數一數二的。如今藥廠的業務代表減少，開拓新的代銷事業，可以增加美迪發路的附加價值。可是，近來醫療入口網站也提供醫療藥品資訊，慢慢取代了醫藥業務代表的作用。這也可能拉低新事業的附加價值。

第三，**投資開發醫藥品**。美迪發路將這種事業稱為 **PFM**（專案融資暨行銷 Project Finance and Marketing），具體方法是投資開發資金短缺的藥廠，享有未來成品的一部分利潤。之後簽下獨占銷售契約，也有增加利潤的效果。簡單來說，就是**投資上游產業**。投資藥品開發確實有龐大利潤，但也要承擔不小的風險，風險管理顯得至關重要。

⊘ 伊藤忠商事的經營特色

接下來，我們來分析伊藤忠商事的財報。

伊藤忠商事和美迪發路不同，資產負債表和損益表的規模差

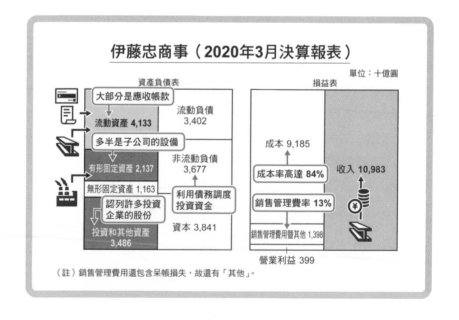

伊藤忠商事（2020年3月決算報表）

單位：十億圓

資產負債表

大部分是應收帳款
流動資產 4,133
流動負債 3,402

多半是子公司的設備
有形固定資產 2,137
非流動負債 3,677

無形固定資產 1,163
利用債務調度投資資金

認列許多投資企業的股份
投資和其他資產 3,486
資本 3,841

損益表

成本 9,185
成本率高達 84%
收入 10,983

銷售管理費率 13%
銷售管理費用暨其他 1,398

營業利益 399

（註）銷售管理費用還包含呆帳損失，故還有「其他」。

不多。理由在於，伊藤忠商事在事業投資上砸下大筆資金，並且採用 IFRS（國際財務報告準則）。首先，我們來分析一下伊藤忠商事的經營模式，順便在下一個要點說明會計基準的問題。

先來看資產負債表的左邊，流動資產有一半以上是營業債權（應收帳款），高達 2 兆 1,140 億圓。應收帳款龐大這一點和美迪發路一樣。另外，有形固定資產部位也很龐大，高達 2 兆 1,370 億圓。**根據財務報告書中的「主要設備狀況」一覽，這些都是子公司的營業資產。**比方說，有販賣進口汽車的店鋪、發電廠、肉品加工設施等等。

投資和其他資產當中，有一項是根據權益法進行會計處理的投資，這一項就高達 1 兆 6,400 億圓。這些是 2019 年公開收購的體育用品製造商迪桑特、五十鈴汽車銷售、不二製油集團總公司，以及建材商大建工業等等。

近年來，**綜合貿易公司都從貿易公司轉型成投資公司，對各種不同事業進行投資，也不是只有伊藤忠商事如此。因此，資產規模也跟著變大。**

這些投資事業的資金來源，主要是股東資本和公司債，再加上長期借款。伊藤忠商事的非流動負債當中，就有 2 兆 1,930 億圓的公司債和借款（長期借款）。

再來看損益表，相當於銷售額的收入項目高達 10 兆 9,830 億圓。銷售成本則為 9 兆 1,850 億圓（成本率 84%），銷售管理費用暨其他也有 1 兆 3,980 億圓（銷售管理費率 13%），營業利益為 3,990 億圓（營業利益率為 4%）。另外，伊藤忠商事的合併損益表沒有標示營業利益，但決算報告當中，有根據日本會計處理慣例計算營業利益，從收入扣掉成本、銷售管理費用、呆帳損失，就是營業利益。

下圖是伊藤忠商事各項事業的當期淨利，除了金屬、能源、化學品等資源業務以外，還有住宅、食品等生活消費業務。

有一部分的商業問題會牽涉到其他的相關企業，因此圖表中

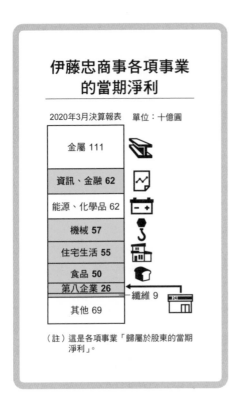

伊藤忠商事各項事業的當期淨利

2020年3月決算報表　　單位：十億圓

金屬	111
資訊、金融	62
能源、化學品	62
機械	57
住宅生活	55
食品	50
第八企業	26
纖維	9
其他	69

（註）這是各項事業「歸屬於股東的當期淨利」。

的第八企業，就是專門用來解決這些問題的新企業。好比伊藤忠商事底下的全家便利商店，就是第八企業負責營運的。伊藤忠商事的事業版圖遼闊，甚至包含了生活消費品，這也是他們獨有的項目。

至於三菱商事、三井物產、住友商事這些財閥底下的貿易公司，投資重心主要放在能源相關的事業。非財閥營運的伊藤忠商事，投資重心則放在能源以外（非能源）的事業。在這一波疫情下，其他財閥的貿易公司能源業務都大受影響。相形之下，伊藤忠商事的業績依然有不錯的表現。

事實上，根據 2021 年 3 月決算的最終損益（歸屬於母公司股東的當期淨利），三菱商事賺了 1,726 億圓，比去年衰退 67.8%。三井物產賺了 3,355 億圓，比去年衰退 14.3%。住友商事則創下有史以來最嚴重的赤字（賠了 1,531 億圓）。伊藤忠商事的業績雖然衰退了 19.9%，卻賺了 4,014 億圓，高居綜合貿易公司的榜首。

✅ 分析貿易公司的財報時，要注意的會計準則要點

在看貿易公司的銷售額和收入時，必須注意收入的認列準則。要理解這點，得稍微談到關於收入的會計準則。內容有點複

雜，但這是分析財報的關鍵知識，下方用簡單易懂的方式說明。

　　先來看一份比較久的資料。伊藤忠商事 2013 年 3 月決算的財務報告，同時標示了銷售額和收入。銷售額高達 12 兆 5,520 億圓，收入也有 4 兆 5,800 億圓之多。底下還註明「按照日本會計處理慣例標示銷售額」。

　　這是因為，**伊藤忠商事當時採用美國會計準則認列收入，但銷售額是採用日本會計處理慣例認列，這兩者對收入的認列基準不一樣。**

　　通常我們談到傳統的貿易公司業務，就會聯想到**商品或服務的仲介交易（亦即貿易）。大部分企業都是根據日本會計處理慣例，把貿易產生的金額（販售總額）認列為銷售額。而美國的會計準則不承認這種做法，只有交易所造成的損益和手續費，可以認列為收入。**因此，一者是按照日本會計慣例認列的銷售額，一者是按照美國會計基準認列的收入，兩者的數字差了將近三倍。

　　近年來也有類似的現象。2018 年 3 月決算報表顯示，伊藤忠商事的收入為 5 兆 5,100 億圓；到了 2019 年 3 月決算時，收入高達 11 兆 6,000 億圓，整整高出一倍。這也是改用 IFRS 的收入認列準則的關係（**IFRS15**），**根據新的會計準則，若企業本身握有履約責任、庫存風險和價格裁量權，則交易總額皆可認列為收入。否則，只得認列淨額（亦即交易盈虧）。**

　　採用新的會計準則以後，伊藤忠商事有許多交易都用總額認列，這就是他們收入金額增加的原因。伊藤忠商事本身的事業規模沒有變大，這一點要特別留意。

　　另外，從 2022 年 3 月決算開始，日本會計準則將採用「**收入相關之會計準則**」（企業會計準則第 29 號），此一會計準則幾乎跟 IFRS15 一樣。**新制一旦推行，採用日本會計準則的貿易公司或批發商，銷售額和收入也有可能大幅改變。**P74 也提到了三越伊勢丹的寄售交易以淨額標示，就是採用了這個會計準則的關係。

由此可見，會計準則會大幅改變收入的金額，在分析貿易公司的經營狀況時，務必要留意這一點。比方說，銷售額和收入的數值改變，也會大幅影響各項經營指標，好比營業利益率和應收帳款周轉期間。所以在分析時，要仔細確認數據是否真實呈現經營現狀。

比較重點！

美迪發路主要仰賴傳統的貿易業務。貿易本身的附加價值不高，再加上醫療藥品本身的特性，導致美迪發路難以創造極高的收益。

伊藤忠商事跟其他綜合貿易公司一樣，轉型成事業投資公司。不受財閥掌控的伊藤忠商事，跟那些財閥營運的貿易公司不同，不以能源事業為投資重心，因此近年來在業界始終名列前茅。還有，**貿易公司的銷售額和收入，會因不同的會計準則而有極大的差異**。在分析貿易公司時，請務必留意。

最後，總結一下兩家企業的經營模式有何特徵。

企業	經營模式的特徵
美迪發路	醫療藥品貿易公司，屬於貿易型
伊藤忠商事	綜合貿易公司，屬於事業投資型

Chapter **3**

餐飲業、服務業、
金融業的財報

1 壹番屋如何對抗不景氣？加盟連鎖和成本結構的關聯性

　　第三章先從**薩莉亞**、**BRONCO BILLY** 和**壹番屋**三家餐飲企業的損益表開始看。薩莉亞是平價連鎖義大利餐廳，BRONCO BILLY 是牛排館，壹番屋旗下則有「CoCo 壹番屋」等知名店鋪。

　　這一波疫情對餐飲業也造成重大的影響，為了掌握各家企業本來的成本結構，我們就來看疫情比較不嚴重的時期。

　　順帶一提，BRONCO BILLY 用的是單獨財報（只有母公司的數據），剩下兩家企業則採用合併報表（集團整體的數據）。理由在於，BRONCO BILLY 沒有製作合併財報。

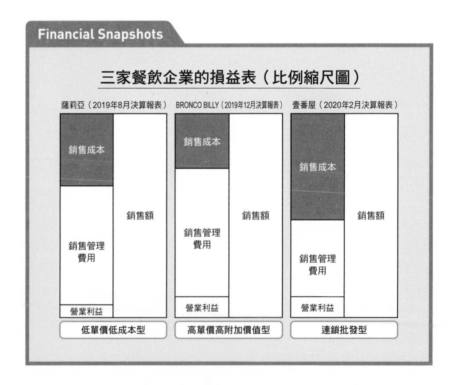

Financial Snapshots

三家餐飲企業的損益表（比例縮尺圖）

薩莉亞（2019年8月決算報表）　BRONCO BILLY（2019年12月決算報表）　壹番屋（2020年2月決算報表）

| 低單價低成本型 | 高單價高附加價值型 | 連鎖批發型 |

在分析這些企業財報時，要注意以下四大要點。

● 薩莉亞的成本結構有何特徵？
● BRONCO BILLY 如何創造極高的利益率？
● 壹番屋的成本率偏高，為何銷售管理費率偏低？
● 什麼樣的經營模式不受疫情影響？

✅ 薩莉亞的成本結構特徵

下圖是薩莉亞的損益表和銷售管理費用的明細。

薩莉亞販賣的多半是低價的菜色，好比消費者很喜歡的米蘭風焗烤飯（2021 年 7 月的價格為 300 圓）。因此，若不壓低成本，很難提升利潤。

FL 成本是分析餐飲業經營成本的一大指標。也就是看**食材**

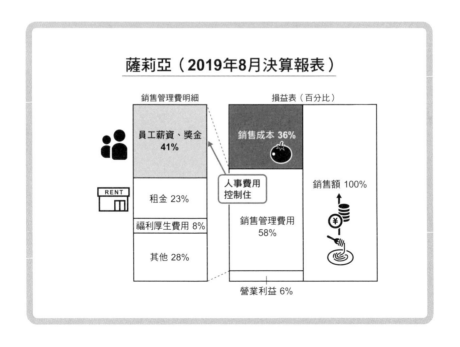

薩莉亞（2019年8月決算報表）

銷售管理費明細

員工薪資、獎金 41%

租金 23%

福利厚生費用 8%

其他 28%

損益表（百分比）

銷售成本 36%

人事費用控制住

銷售管理費用 58%

營業利益 6%

銷售額 100%

（Food）和人事（Labor）成本占銷售額的多少。有時候也會加入租金（Rent）來分析 FLR 成本。**像薩莉亞這種平價經營模式，本來顧客的消費單價就比較低，因此 FL 成本會偏高。**

薩莉亞的經營模式

（資料來源）薩莉亞官網

於是乎，薩莉亞用**生產直銷**的手法來降低成本。也就是用一條龍的方式自行生產食材和開發商品，連加工和配送也一手包辦，形同**餐飲業的 SPA**（製造兼零售）。

漢堡排和米蘭風焗烤飯是薩莉亞的主力商品，所以他們在澳洲設立工廠，自行生產漢堡排和各種醬料。換句話說，薩莉亞成功建立了一套經營體系，可以持續用低價提供餐點。另外，薩莉亞還開發新的蔬菜品種，來提升蔬菜的有效使用率。

薩莉亞成功運用生產直銷的關鍵有二，一是主打全店直營的方針，二是用基礎商品來達到計畫性生產。**全店直營有利於掌握每天的需求，長期提供基礎商品可以規劃出有條理的生產方式，同時控制價格和品質。**

多虧上述的經營模式，薩莉亞壓低了食材的價格。食材經過自家工廠加工，也省去了店鋪加工調理的麻煩，連帶降低了人事成本。薩莉亞的成本率是 36%，**跟一般餐飲業相比稍微高了一點（其他餐飲業大約是 30%）**，但人事費用率（＝員工薪資和獎金÷銷售額）只有 24%。

兩者加起來 FL 成本才 60%，**一般來說 FL 成本控制在 60% 就是正常基準。**薩莉亞持續追求低成本控管，保有 6% 的營業利益率。

順帶一提，經營迴轉壽司的**藏壽司**人事費用率為 26%（2019年 10 月決算數據）。迴轉壽司是用機器自動配膳，用於配膳的人事費不多，因此人事費用率也不高。而薩莉亞的人事費用率比藏壽司還低，代表他們經營店鋪非常有效率。

⊘ BRONCO BILLY 創造極高利益率的方法

接下來，我們來看 BRONCO BILLY 的損益表和銷售管理費用明細。

BRONCO BILLY 的成本結構有一大特徵，就是成本率和人事費用率都不高，前者才 27%，後者才 24%（＝ 62%×〔24%＋ 15%〕）。FL 成本才 52%（因為有小數點以下的誤差，故不算 F 和 L 的單純合計值）。

另外，租金也才占銷售額的 7%（＝ 62%×11%），加上租金這一項 FLR 成本也才 59%。一般來說，**FL 成本在 70% 以內都算正常，**這算是相當低的水平了。

有鑑於此，BRONCO BILLY 在 2019 年 12 月決算報表中，

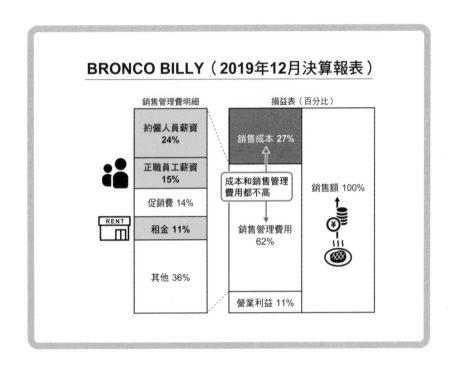

BRONCO BILLY（2019年12月決算報表）

銷售管理費明細

約僱人員薪資
24%

正職員工薪資
15%

促銷費 14%

RENT
租金 11%

其他 36%

損益表（百分比）

銷售成本 27%

成本和銷售管理
費用都不高

銷售管理費用
62%

銷售額 100%

營業利益 11%

繳出了很亮眼的成績，營業利益率高達 11%。

BRONCO BILLY 跟薩莉亞一樣，積極推動低成本控管模式，包括**善用自家工廠和店鋪業務標準化**，所以享有極高的利益率。另一個主因是，他們的顧客消費水平一直都很高。

根據 2016 年 10 月 31 日的日經 MJ 報導，BRONCO BILLY 的顧客消費水平是 1,700 圓。壹番屋是 910 圓（2017 年 12 月 27 日，日本經濟新聞地方經濟版），薩莉亞是 700 圓（2018 年 9 月 16 日，日經 Veritas）。跟其他幾家相比，BRONCO BILLY 的顧客消費水平特別突出。

BRONCO BILLY 除了有炭烤牛排和漢堡排，不同季節會提供不同的沙拉菜色，米飯也選用魚沼生產的越光米，**提供消費者極高的附加價值**。因此，才有極高的顧客消費水平和利益率。

✅ 壹番屋的成本率高，銷售管理費率卻低？

壹番屋旗下有知名的咖哩連鎖店「CoCo 壹番屋」，現在我們就來看壹番屋的損益表和銷售管理費用的明細，請見下圖。一看就知道，壹番屋的成本結構和薩莉亞、BRONCO BILLY 十分不同。具體來說，壹番屋的成本率高達 52%，但銷售管理費用才38%。

成本結構不同的原因在於，壹番屋採用一種叫「**自立門戶制度**」的**連鎖加盟系統**。員工在壹番屋的店鋪學成出師後，可以自立門戶開設加盟店。根據官網介紹，**加盟店並不需要支付加盟金**。扣掉該支付的經營成本後，所有的利潤全歸加盟主所有。

那麼，作為連鎖店的母公司，壹番屋如何利用加盟店賺錢呢？解開祕密的關鍵，就在他們的財務報告書中。P96 的圖表摘錄自壹番屋的財務報告書，記載了各項事業的銷售額比例。這一份圖表的數據顯示，**直營店的銷售額只占總銷售額的 34%，剩下**

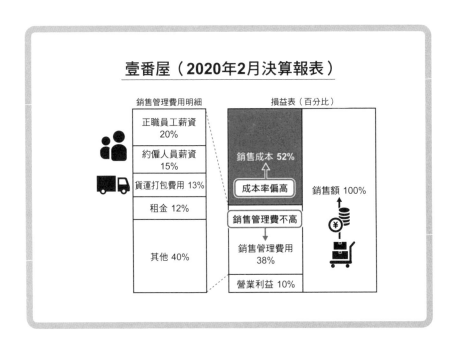

壹番屋的銷售額構成比（直營店和加盟店）

事業部門	內容	銷售額構成比	
		上年度（2018 年 3 月 1 日到 2019 年 2 月 28 日）	本年度（2019 年 3 月 1 日到 2020 年 2 月 29 日）
咖哩事業		%	%
直營店銷售額		31.5	31.8
製品	醬料調理包、豬排等等	26.1	26.2
商品	櫃檯商品	5.3	5.5
其他	宅配手續費	0.1	0.1
對加盟店的銷售額		64.4	64.3
製品	醬料調理包、豬排等等	20.5	22.3
商品	便當套餐、綜合起司	39.4	37.9
其他	店鋪設備、施工費	4.5	4.1
其他收入	加盟收入、收受手續費等等	1.1	1.1
小計		97.0	97.2
新型態事業			
直營店銷售額		2.7	2.4
製品	醬料調理包、豬排等等	2.7	2.4
商品	櫃檯商品	0.0	0.0
對加盟店的銷售額		0.3	0.4
製品	醬料調理包、豬排等等	0.1	0.1
商品	義大利麵等等	0.2	0.3
其他	其他	0.0	0.0
其他收入	加盟收入等等	0.0	0.0
小計		3.0	2.8
合計		100.0	100.0

（資料來源）壹番屋財務報告書（2020 年 2 月決算數據）

65% 都是販賣食材給加盟店賺來的。換言之，**販賣食材給旗下加盟店才是壹番屋主要的收益來源**。

同一份財務報告也顯示，2020 年 2 月底直營店的數量才 180 家（包含新型態事業），加盟店卻有 1,121 家，比例高達 86%。

販賣食材給加盟店的毛利率，跟直營店的毛利率相比特別低。這也是壹番屋成本率高達 **52%** 的原因。

另一方面，薩莉亞和 BRONCO BILLY 都是 100% 直營。跟這兩家相比，壹番屋可以**省下店鋪人事費和租金，因此銷售管理費率也不高**。這也是壹番屋的營業利益率高達 10% 的原因。

☑ 不受疫情影響的經營模式

這一節的開頭也提到，疫情對餐飲業造成了很大的影響。最後，我們來分析各家企業的最新財務數據，看看哪一家企業比較不受影響，同時探討其原因。

先來看薩莉亞，2020 年 8 月決算報表顯示，當年度銷售額為 1,628 億 4,200 萬圓，營業損失多達 38 億 1,500 萬圓，由盈轉虧，營業利益率為負 3%。

BRONCO BILLY 2020 年 12 月決算報表顯示，當年度銷售額為 172 億 7,300 萬圓，營業利益為 1 億 6,200 萬圓，營業利益率為 1%，勉強維持不賠。

再看壹番屋 2021 年 2 月決算報表，當年度銷售額為 442 億 4,700 萬圓，營業利益為 25 億 5,900 萬圓，賺得比上一年度要少，但營業利益率保持在 6%。相較於薩莉亞或 BRONCO BILLY，**壹番屋在疫情下仍然穩定獲利，因為壹番屋的經營以加盟店為主體。**

以直營店為主體的餐飲企業，除了銷售成本（食材）以外，還有不少固定開銷，好比人事費、租金這一類的銷售管理費用。在銷售額衰退時，這些成本也不會減少，還大幅侵蝕了利潤。薩莉亞榮景不再，甚至還出現赤字；收益極高的 BRONCO BILLY，利潤也衰退到只能損益兩平。原因就出在成本問題上。

壹番屋有批發業的特性，固定的銷售管理費用較少。另一方面，加盟店的食材費用（銷售成本），可以按照每一家店的銷售

額調整；銷售額下滑時，成本也會跟著下降。換句話說，**加盟店的食材費用，變成了變動開銷**。所以跟前面兩家餐飲企業相比，**壹番屋的成本結構比較能對抗不景氣**。

比較重點！

這一節我們比較了薩莉亞、BRONCO BILLY、壹番屋等餐飲企業的損益表。販賣的食材不同，提供的附加價值不同，還有經營模式的不同，都會造成損益表極大的差異。

另外在疫情因素下，銷售額容易受到大幅度的影響。像壹番屋這種經營模式比較容易產生利潤，因為他們的固定開銷相對較少。這些經營特色請務必銘記在心。

企業	經營模式的特徵
薩莉亞	直營店為主體，餐飲 SPA，屬於低單價低成本型
BRONCO BILLY	直營店為主體，屬於高單價高附加價值型
壹番屋	加盟店為主體，屬於批發型

2 | 比較迴轉壽司企業的財報，頂尖企業到底差在哪裡？

接下來，我們來比較**藏壽司、Zensho 控股和壽司郎全球控股**（現在改名為 **FOOD & LIFE COMPANIES**，但我們用的是 2020 年 9 月決算報表，當時還叫壽司郎全球控股）的財報（詳見下頁圖表）。這三家企業都是迴轉壽司企業。

藏壽司經營「無添藏壽司」連鎖店，**資產負債表的規模比損益表要小**。因為藏壽司幾乎沒有店鋪土地，有形固定資產較少。再加上他們販賣的是**鮮魚類外食，應收帳款和存貨資產特別少**。

壽司郎全球控股除了經營「壽司郎」迴轉壽司以外，還有經營「杉玉」這種居酒屋型態的店鋪。2021 年 4 月，壽司郎從吉野家控股手中買下京樽壽司，京樽壽司主要提供壽司外帶的服務。另一家迴轉壽司「海鮮三崎港」，也被壽司郎買下了。

圖表中央是壽司郎全球控股的財務數據（壽司郎全球控股採用 **IFRS〔國際財務報告準則〕**，為了配合另外兩家採用日本基準的企業，壽司郎的營業利益沒有包含「其他收入」和「其他費用」）。

壽司郎全球控股的資產負債表規模，比損益表大多了。其中一個原因，跟壽司郎採用的會計準則有關係。根據 IFRS 的規定，2019 年 12 月決算過後，必須強制使用**新租賃準則**（**IFRS16**）。

壽司郎採用這項新的會計準則後，資產負債表必須認列更多租賃資產。有形固定資產在 2019 年 9 月決算時，才 260 億圓；到了 2020 年 9 月決算時，膨脹到了 1,200 億圓。

另一個理由，跟資產負債表上的**無形固定資產**有關，詳情容後表述。

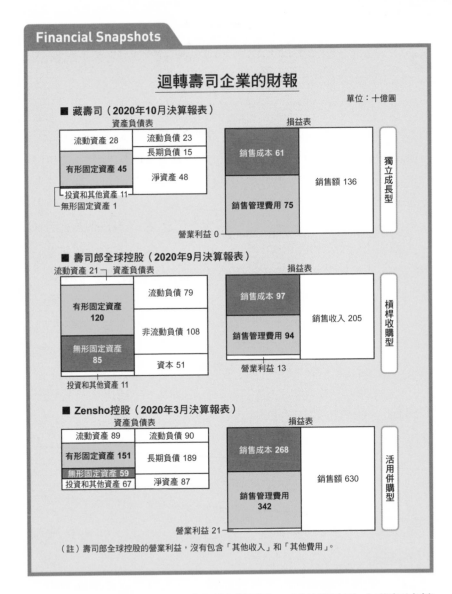

迴轉壽司企業的財報

單位：十億圓

■ 藏壽司（2020年10月決算報表）

資產負債表

流動資產 28	流動負債 23
有形固定資產 45	長期負債 15
	淨資產 48

投資和其他資產 11
無形固定資產 1

損益表

| 銷售成本 61 | 銷售額 136 |
| 銷售管理費用 75 | |

營業利益 0

獨立成長型

■ 壽司郎全球控股（2020年9月決算報表）

流動資產 21 資產負債表

有形固定資產 120	流動負債 79
	非流動負債 108
無形固定資產 85	資本 51

投資和其他資產 11

損益表

| 銷售成本 97 | 銷售收入 205 |
| 銷售管理費用 94 | |

營業利益 13

槓桿收購型

■ Zensho控股（2020年3月決算報表）

資產負債表

流動資產 89	流動負債 90
有形固定資產 151	長期負債 189
無形固定資產 59	
投資和其他資產 67	淨資產 87

損益表

| 銷售成本 268 | 銷售額 630 |
| 銷售管理費用 342 | |

營業利益 21

活用併購型

（註）壽司郎全球控股的營業利益，沒有包含「其他收入」和「其他費用」。

　　Zensho 控股旗下不只有迴轉壽司店，另外還有牛肉蓋飯連鎖店、烏龍麵連鎖店，以及知名的家庭餐廳。Zensho 控股屬於複合式的餐飲企業，善用併購擴大事業版圖的手段也為人津津樂道。

　　Zensho 控股的資產負債表規模比損益表來得小。藏壽司和壽司郎都是專賣壽司，Zensho 控股還有其他的餐飲業和零售業，所

以存貨資產相對較多。

另外，他們的一部分事業也有推廣加盟店，這些事業也有認列應收帳款項目。**這些店鋪多半是租來的，而非自行持有，有形固定資產較少，這就是資產負債表規模較小的原因。**

綜合上述介紹，在分析這些企業的財報時，必須留意以下兩點。以下就依序說明這兩點。

- 壽司郎全球控股為何有極高的收益性？
- 壽司郎全球控股和 Zensho 控股為何有那麼多的無形固定資產？

✅ 壽司郎全球控股的收益來源

請看 P102 的損益表比例縮尺圖，一經圖示比較，我們可以清楚看出這三家企業的成本差異。

首先，成本率最高的是壽司郎全球控股，多達 47%。一般來說，**使用鮮魚的迴轉壽司本來銷售成本就比較高，壽司郎全球控股更是在材料費上砸下重金。**藏壽司在配菜也下了不少心力，成本率也有 45%。**通常配菜的成本比壽司的成本來得低，**這也是藏壽司在配菜上下工夫的原因之一。

Zensho 控股還有經營牛肉蓋飯店和家庭餐廳，**成本率反而是三家企業中最低的，才 42%。通常餐飲業的成本率大約在 30% 左右，**迴轉壽司以外的事業版圖較大的話，成本率自然會下降。再者，Zensho 控股整體的銷售額為 6,300 億圓，旗下的迴轉壽司店就貢獻了 1,290 億圓（大約是整體的兩成）。

接下來比較銷售管理費率，藏壽司為 55%，壽司郎全球控股為 46%，Zensho 控股為 54%。**看得出來壽司郎的銷售管理費率特別低，**這也是壽司郎利潤高居三家之冠的原因，營業利益率高達

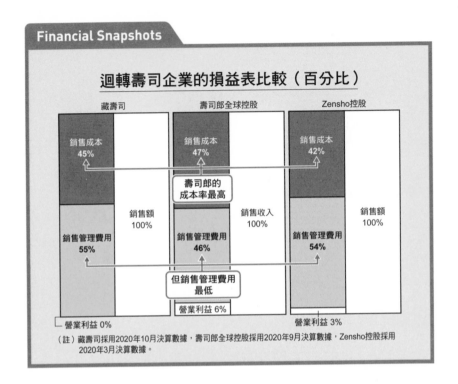

Financial Snapshots

迴轉壽司企業的損益表比較（百分比）

藏壽司　　　　　　壽司郎全球控股　　　　　　Zensho控股

銷售成本 45%　　　　銷售成本 47%　　　　銷售成本 42%

壽司郎的成本率最高

銷售額 100%　　　　銷售收入 100%　　　　銷售額 100%

銷售管理費用 55%　　　銷售管理費用 46%　　　銷售管理費用 54%

但銷售管理費用最低

營業利益 6%

營業利益 0%　　　　　　　　　　　　營業利益 3%

（註）藏壽司採用2020年10月決算數據，壽司郎全球控股採用2020年9月決算數據，Zensho控股採用2020年3月決算數據。

6%。要了解壽司郎利潤較高的原因，得看每一間店鋪的銷售額。關於這一點，要從迴轉壽司的成本結構來說明。

這裡的銷售成本是指壽司的材料費用。**迴轉壽司的銷售成本，幾乎跟銷售額成正比，算是一種變動性的費用。銷售管理費用則接近固定性的費用，好比經營店鋪的人事費用、租金等等，無論銷售額多寡，這些開銷也不會有太大的變動。**

因此，在分析每間店鋪的獲利性時，要考量銷售額扣掉變動開銷後，這些邊際貢獻（以這個例子來說，就是銷售毛利）到底高出固定開銷（人事費用、租金）多少。如果一**間店鋪的固定開銷無法大幅降低，那麼銷售額越大，邊際貢獻就越大，獲利性也比較高。**

各企業每一間店鋪的銷售額如下，壽司郎為 2.6 億圓，Zensho 控股為 2.5 億圓（旗下壽司連鎖店為 HAMA 壽司），壽

比較每一家迴轉壽司店鋪的銷售額

金額單位：百萬圓

	藏壽司	壽司郎全球控股	Zensho 控股
銷售額	135,835	204,957	128,953
店鋪數	521	624	514
每一間店鋪的銷售額	**261**	**328**	**251**

（註一）包含海外店鋪，店鋪數量摘錄自各家企業的財務報告。
（註二）Zensho 控股只列入旗下的迴轉壽司店，並計算各間店鋪的銷售額。

司郎全球控股為 3.3 億圓，高居三家之冠。這就是壽司郎的銷售管理費率較低的原因。

當然，**壽司郎的店鋪銷售額特別高，主要跟他們的進貨還有店內調理有關，這兩項關係到壽司的品質。另外，壽司郎也善用 DX（數位化轉型）改善顧客滿意度和銷售額，減少食材浪費**。在疫情爆發時，壽司郎還推出「自動取貨服務」，客人不用跟店員接觸就能帶走想吃的壽司。壽司郎持續推動上述經營模式，成功克服了高成本的問題，獲得了極高的收益。

⊘ 壽司郎全球控股和 Zensho 控股的高比例無形固定資產

接下來，我們來看各企業的資產負債表比例縮尺圖。**藏壽司的資產負債表幾乎沒有無形固定資產，但壽司郎全球控股和 Zensho 控股，有認列無形固定資產**。壽司郎的無形固定資產占總資產的 36%，Zensho 控股的無形固定資產也占 16%。這些無形固定資產大多是**商譽**，我們來了解一下認列商譽的原理。

假設 A 公司收購 B 公司，100% 取得 B 公司股份好了。這時候，A 公司收購 B 公司股份的價格，高於 B 公司的淨資產價值（以時價評鑑資產和負債後的淨資產）。由於 A 公司已經取得 B

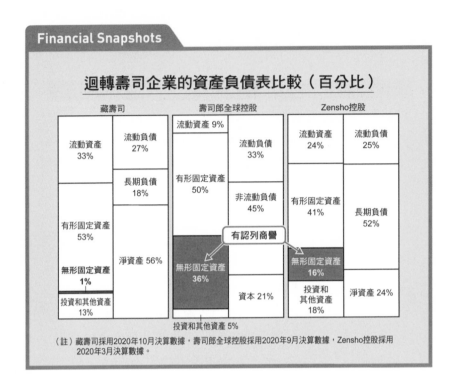

迴轉壽司企業的資產負債表比較（百分比）

藏壽司

流動資產 33%	流動負債 27%
	長期負債 18%
有形固定資產 53%	淨資產 56%
無形固定資產 1%	
投資和其他資產 13%	

壽司郎全球控股

流動資產 9%	流動負債 33%
有形固定資產 50%	非流動負債 45%
無形固定資產 36%	資本 21%
投資和其他資產 5%	

有認列商譽

Zensho控股

流動資產 24%	流動負債 25%
有形固定資產 41%	長期負債 52%
無形固定資產 16%	淨資產 24%
投資和其他資產 18%	

（註）藏壽司採用2020年10月決算數據，壽司郎全球控股採用2020年9月決算數據，Zensho控股採用2020年3月決算數據。

公司的股份，P105 左圖 A 公司的資產負債表中，資產部分就有認列 B 公司股份。

接下來，要製作 A 和 B 兩家公司的合併資產負債表。這時候，要合計 A 公司的資產、負債、淨資產，以及 B 公司的資產和負債。就會計準則來說，B 公司的資產和負債都要以時價計算。

這下問題來了，就是如何處理 A 公司保有的 B 公司股份和淨資產。因為 A 公司對 B 公司的部分投資（＝ B 公司股份）和 B 公司的淨資產會重複認列（A 公司投資的金額〔一部分的 B 公司股份〕被認列為 B 公司的淨資產）。所以，要抵銷 B 公司的淨資產，以及相當於 B 公司股份的金額，剩下的部分才能認列「商譽」。這就是企業進行收購時，認列「商譽」的會計機制。

過去 Zensho 控股取得了各大家庭餐廳，還有烏龍麵連鎖店的股份，將其納入子公司來擴大事業版圖。換句話說，**Zensho 控**

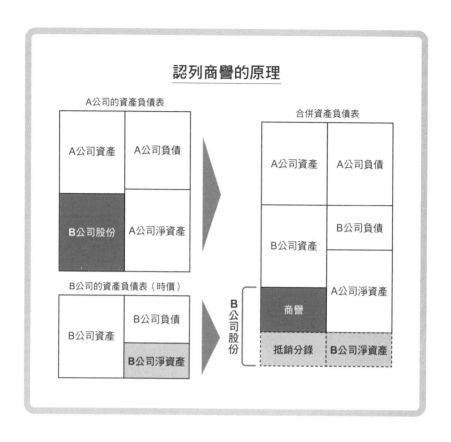

認列商譽的原理

A公司的資產負債表

| A公司資產 | A公司負債 |
| B公司股份 | A公司淨資產 |

B公司的資產負債表（時價）

| B公司資產 | B公司負債 |
| | B公司淨資產 |

合併資產負債表

A公司資產	A公司負債
B公司資產	B公司負債
	A公司淨資產
商譽	
抵銷分錄	B公司淨資產

B公司股份

股利用併購手法，打造一個大型的餐飲集團。代入剛才提到的例子，Zensho 控股就是 A 公司，被他們收購的企業就是 B 公司。每次收購時，就必須認列商譽。這便是 Zensho 控股的資產負債表中，有較多商譽的原因。

　　另一方面，壽司郎全球控股認列商譽的原因就更複雜了。壽司郎全球控股的前身是食商壽司郎，2008 年曾被協和資本收購，而暫時下市。後來，協和資本把壽司郎賣給 Permira Advisers，壽司郎再一次上市才改名為壽司郎全球控股。

　　在交易過程中，投資基金設立一家公司來併購壽司郎，取得壽司郎的股份。那一家用來併購壽司郎的公司，和壽司郎合併後成為一家新公司（亦即壽司郎全球控股）。用剛才的例子來看的

話，那一家用來併購的企業就是 A 公司，壽司郎則是 B 公司。

投資基金成立的（A）公司，以高於壽司郎（B 公司）淨資產時價的金額，取得壽司郎的股份。兩家企業合併以後，就成了壽司郎全球控股，這部分的商譽就必須認列在資產負債表當中。**而且這商譽的金額，甚至高於淨資產。**

像壽司郎這種案例，A 公司收購 B 公司不只使用自有資金，**還積極運用借款，這種收購手法稱之為槓桿收購（Leveraged Buyout）。**壽司郎全球控股的財務報告中，也有註明**各項事業的風險。**其中，商譽減損就被視為一種經營上的風險。

Zensho 控股和壽司郎全球控股的資產負債表中，都有認列一定的無形固定資產，原因卻大不同，這一點要特別留意。

比較重點！

誠如前面介紹，各家迴轉壽司企業的經營特徵，都呈現在財報的數據中。壽司郎全球控股提升每一間店鋪的銷售額，所以就算成本率偏高，也還是有相當不錯的利益率。

藏壽司基本上是靠本身的實力成長，Zensho 控股則活用併購手法來成長，無形固定資產當中認列了不少商譽。壽司郎曾被投資基金收購而下市，槓桿收購的手法也讓他們認列了大量的無形固定資產。

最後，總結一下各家企業的經營模式有何特徵。

企業	經營模式的特徵
藏壽司	投注心力開發配菜，屬於獨立成長型
壽司郎全球控股	高收益，屬於槓桿收購型
Zensho 控股	餐飲集團，屬於善用併購型

3　分析數位轉型企業的財報，決定營業活動現金流的關鍵

　　這一節我們來分析 Sansan 和 Money Forward 的財報，兩家都是數位轉型企業，同時了解現金流量表和經營手法的關聯。

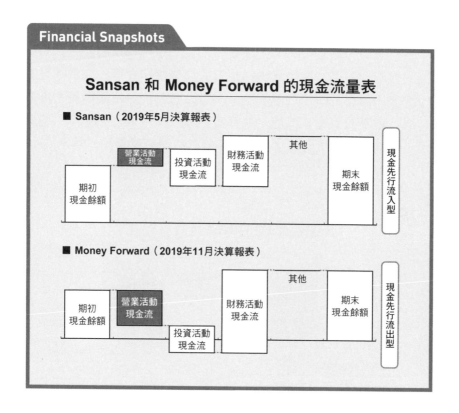

Financial Snapshots

Sansan 和 Money Forward 的現金流量表

■ Sansan（2019年5月決算報表）

期初現金餘額　營業活動現金流　投資活動現金流　財務活動現金流　其他　期末現金餘額　現金先行流入型

■ Money Forward（2019年11月決算報表）

期初現金餘額　營業活動現金流　投資活動現金流　財務活動現金流　其他　期末現金餘額　現金先行流出型

　　Sansan 提供雲端名片管理服務，Money Forward 則是提供雲端會計服務。兩者都是活用資訊科技，提供個人和企業數位轉型的支援。**Sansan 的營業活動現金流是正的，相對地 Money Forward 的營業活動現金流是負的。**

　　在分析這些企業財報時，要注意以下兩大要點。

接著，我們來看 Sansan 的財報。

☑ Sansan 的營業活動現金流為何有現金流入？

先來看下圖右上的損益表，2019 年 5 月決算時有 8 億 5,000 萬圓的營業赤字。**這些資訊科技業的銷售額和費用，通常都是不連動的（意思是固定費用較多），所以在銷售額超過**損益平衡點**（損益兩平的界線）以前，就算銷售額持續增加也會赤字。相對地，一旦銷售額超過損益平衡點，銷售額增加利潤就越龐大。**

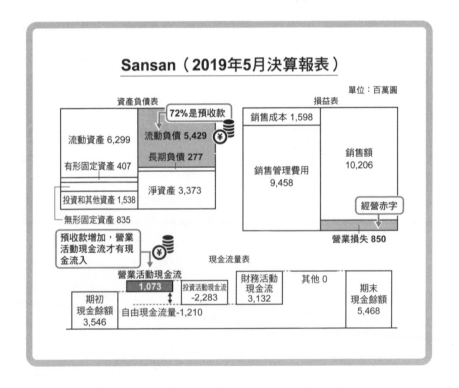

事實上，Sansan 在 2020 年 5 月決算時，銷售額大幅增加，也創造了 7 億 5,700 萬圓的營業利益。換句話說，2019 年 5 月決算時，他們的銷售額還沒超過損益平衡點。

另一方面，在 Sansan 的現金流量表當中，營業活動現金流多達 10 億 7,300 萬圓。明明營業損益是赤字，為什麼營業活動現金流竟然有現金流入？答案和 Sansan 的經營模式有關。

Sansan 主要有兩大事業，Sansan 事業是專門提供法人服務，Eight 則是提供個人服務。使用 Sansan 服務的法人，**除了在簽約時要繳納**初期費用**外，還要事先支付運用支援費用，而初期費用相當於一年的使用費。**這些預先支付的費用，在資產負債表上認列**預收款**。預收款增加，營業活動現金流自然增加。

Sansan 資產負債表上的預收款，占了流動負債的 72%，也是營業活動現金流有現金流入的原因。**Sansan 在經營赤字的狀況下，營業活動現金流仍有現金流入，**主要跟他們預先收款的付費體系有關。

✅ Money Forward 的新事業壓迫到營業活動現金流

再來看 Money Forward 的財報。Money Forward 在 2019 年 11 月決算時，有 24 億 4,600 萬圓的營業損失。營業活動現金流也流出 36 億 500 萬圓。營業活動現金流的赤字，甚至高於損益表的營業損失。

Money Forward 和 Sansan 不同，並沒有要求客戶預先支付初期費用。因此，預收款的科目金額比 Sansan 少，也造成營業活動現金流的赤字。

另一個理由，跟 Money Forward 2019 年 8 月提供的新服務有關。這項服務的名稱叫「**Money Forward Early Payment**」，也就是由 Money Forward 的全資子公司，收購顧客手上的應收帳款，讓應收帳款轉為現金。說穿了，就是**債權流動化**的服務。

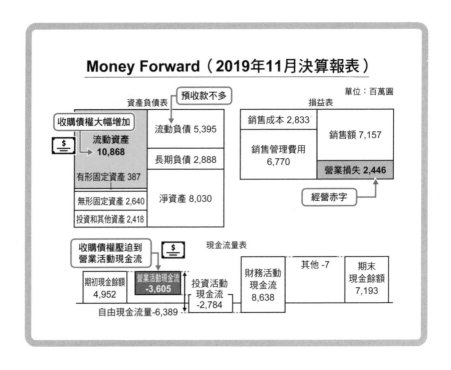

Money Forward（2019年11月決算報表）

單位：百萬圓

資產負債表　　　預收款不多　　　　　　　　損益表

收購債權大幅增加

流動資產 **10,868**	流動負債 5,395	銷售成本 2,833	銷售額 7,157
有形固定資產 387	長期負債 2,888	銷售管理費用 6,770	
無形固定資產 2,640	淨資產 8,030		營業損失 **2,446**
投資和其他資產 2,418			

經營赤字

收購債權壓迫到
營業活動現金流

現金流量表

| 期初現金餘額 4,952 | 營業活動現金流 **-3,605** | 投資活動現金流 -2,784 | 財務活動現金流 8,638 | 其他 -7 | 期末現金餘額 7,193 |

自由現金流量-6,389

　　使用這項服務的客戶，不用等待未來應收帳款入帳，可以直接取得現金，有舒緩資金調度壓力的效果。Money Forward 從 2018 年 12 月開始，逐步嘗試這項嶄新服務，到了 2019 年 8 月，申請的累計金額已經突破 300 億圓。

　　對於那些有資金調度壓力的客戶來說，這是一項絕佳的服務。但 Money Forward 必須支付現金買下應收帳款，因此現金流量會大幅減少。事實上，根據 2019 年 11 月決算的資產負債表，流動資產中的收購債權（從客戶手上買下的應收帳款）增加了 17 億 700 萬圓。這也是壓迫到營業活動現金流的一大原因。

　　由於營業活動和投資活動現金流都是負的，Money Forward 的自由現金流量流出了 63 億 8,900 萬圓。為了彌補巨量的現金流出，還用上了借款和增資等資金調度措施。這也造成財務活動現金流大增，確保了營運該有的資金。

　　根據 2020 年 11 月決算報表，Money Forward 停止收購更多

的債權，並且增加預收款帶來的收入，終於降低了營業活動現金流的赤字。問題是，如果未來要擴大這項服務的規模，勢必要調度更多的資金。對 Money Forward 來說，這項事業必須謹慎為之。

比較重點！

誠如前述，Sansan 和 Money Forward 都是利用雲端提供數位轉型的企業。不過，分析他們的現金流量表和其他財報，能清楚看出兩家的經營模式差異。

Sansan 採用事先收費的制度，取得預收款來補足現金流量。所以，就算他們的營業狀況出現赤字，營業活動現金流依然充裕。反觀 Money Forward，他們沒有採用事先收費的制度。而且新的債權收購事業，還會造成大量的現金流出，容易導致企業本身現金不足。

最後，總結一下兩家企業的經營模式有何特徵。

企業	經營模式的特徵
Sansan	取得預收款，屬於現金先行流入型
Money Forward	收購債權，屬於現金先行流出型

4 | 金融業的財報特徵

這一節來比較三家銀行的財報，一家是地區銀行**大垣共立銀行**，再來是大型銀行**三菱 UFJ 銀行**，最後是**流通銀行 7 銀行**。

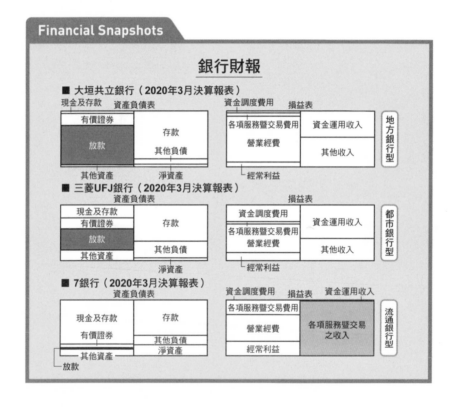

這幾家銀行的資產負債表和損益表，大小我刻意弄成一模一樣，理由容後表述。

大垣共立銀行是一家地方銀行，據點位於岐阜縣大垣市，曾經推出類似得來速的特殊服務窗口，還和偶像團體合作共組「OKB5」宣傳單位，並且販賣相關偶像的商品。

三菱 UFJ 銀行是一家大型銀行，也是三菱 UFJ 金融集團的一員。據點遍及海外，不只日本國內才有據點。至於 7 銀行是 7&I 控股旗下的銀行，基本上發展超商自動櫃員機的業務。

在分析這些銀行的財報時，要注意以下四大要點。

- 銀行的損益表為何比資產負債表小得多？
- 大垣共立銀行的經營模式和財報有何關聯？
- 三菱 **UFJ** 銀行的財報有何特徵？
- 7 銀行採取何種經營模式？

✅ 銀行的損益表比資產負債表小

下方圖表，是大垣共立銀行的資產負債表和損益表的比例縮尺圖。

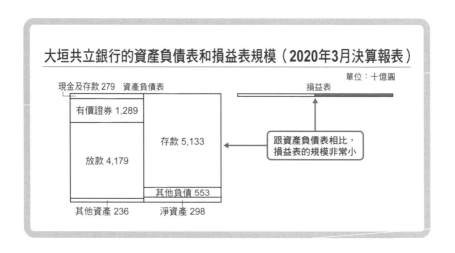

大垣共立銀行的資產負債表和損益表規模（2020年3月決算報表）

單位：十億圓

現金及存款 279　資產負債表

有價證券 1,289

放款 4,179

存款 5,133

其他負債 553

其他資產 236　淨資產 298

損益表

跟資產負債表相比，損益表的規模非常小

從圖表中不難發現，**損益表的規模比資產負債表小很多**。理由跟銀行業本身的經營模式有關。

下面我用圖解的方式，**來闡明銀行傳統的經營模式**。銀行主

要利用個人或企業的存款，放款給其他有需要的對象。然後，從放款對象手中收受利息。放款利息減去支付存戶的利息（套利）就是銀行的利潤。

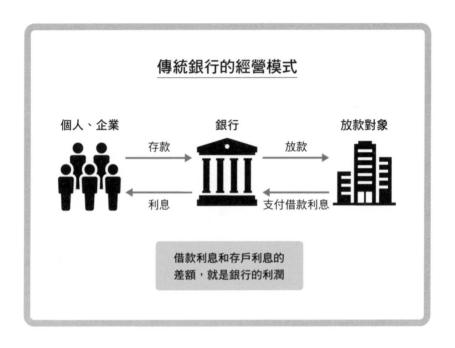

傳統銀行的經營模式

個人、企業　　　　銀行　　　　放款對象

存款 →

放款 →

← 利息

← 支付借款利息

借款利息和存戶利息的
差額，就是銀行的利潤

　　銀行業是用金錢來創造收益，因此需要大量的資金，這也是他們資產負債表特別龐大的原因。但銀行創造的收益，跟他們運用的資金相比也才 1% 的規模（資料來源：東京工商調查「國內銀行 2020 年 3 月決算之套利調查」）。於是乎，銀行業的資產負債表規模非常大，損益表規模就顯得特別小。

　　當資產負債表和損益表規模差距太大時，很難用比例縮尺圖來比較。所以我刻意調整成相同大小，來分析各銀行的經營模式，究竟和財報有何關聯。

✅ 大垣共立銀行的經營模式和財報之間的關係

接下來，我們詳細看一下大垣共立銀行的財報。

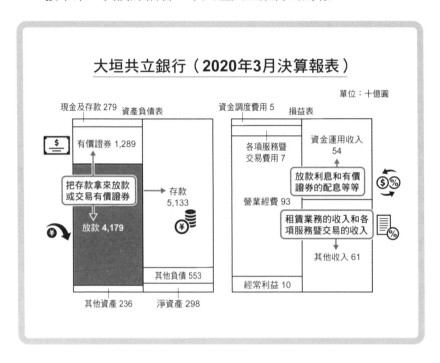

大垣共立銀行（**2020年3月決算報表**）

單位：十億圓

資產負債表

現金及存款 279

有價證券 1,289

把存款拿來放款
或交易有價證券

放款 4,179

存款
5,133

其他負債 553

其他資產 236　淨資產 298

損益表

資金調度費用 5

各項服務暨
交易費用 7

資金運用收入
54

放款利息和有價
證券的配息等等

營業經費 93

租賃業務的收入和各
項服務暨交易的收入

其他收入 61

經常利益 10

資產負債表當中，資產部分最多的是放款科目（4 兆 1,790 億圓），其次是有價證券（1 兆 2,890 億圓）。這兩項的資金來源，就是資產負債表右邊的存款科目（5 兆 1,330 億圓）。**光看資產負債表，我們發現大垣共立銀行的經營模式**很接近傳統銀行，都是把個人和企業的存款拿去放款。只不過，一部分的存款拿去交易有價證券。

損益表的收入部分（右邊），有放款利息和有價證券的配息，這些稱為**資金運用收入**。另外還有一項其他收入，當中包括子公司經營的租賃業務收入（380 億圓），還有匯兌手續費和投資信託的手續費，這些算是各項服務暨交易的收入（150 億圓）。

銀行業的資金調度費用、各項服務暨交易費用，就相當於一

般企業的銷售成本，而營業經費則相當於一般企業的銷售管理費用。扣掉這些費用，大垣共立銀行的經常利益是 100 億圓。

　　大垣共立銀行用各種方式推廣其知名度，包括開設一些特殊型態的據點。不過，這些事業所帶來的影響，沒有直接呈現在資產負債表和損益表上。

　　因為這些事業的規模，還不足以對這兩大報表造成重大影響。因此合理判斷，這些事業是用來提升一家地方銀行的形象，以便獲得更多的存款來填補營運資金。

✅ 三菱 UFJ 銀行的財報特徵

　　再來，我們分析三菱 UFJ 銀行的財報（詳見下圖）。三菱 UFJ 銀行的資產負債表當中，資產部分（左邊）的現金及存款科目，還有其他資產的科目，規模比大垣共立銀行大多了。相對

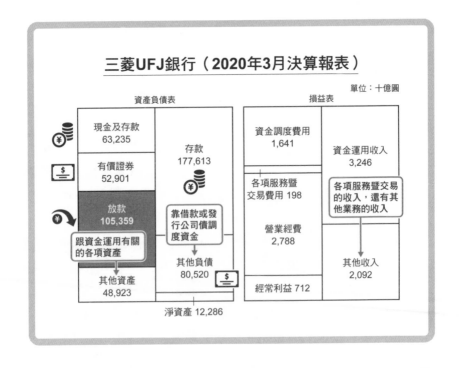

地，放款的比例比較小。理由在於跟資金運用有關的資產，都認列在其他資產的科目中。好比關係到**回購協議**（購買有價證券並約定在一定期間後以特定價格賣出）的金融債權，以及各種特定的交易資產皆屬此類。

資產負債表的負債部分中，其他負債的規模也相對較大。因為三菱 UFJ 銀行除了利用存款調度資金，還利用借款和發行公司債。損益表的收入部分有資金運用收入，還有各項服務暨交易帶來的收入，其他業務帶來的收入比例也不小。

把存款拿去放款是銀行的基本經營模式。除此之外，三菱 UFJ 銀行還有多樣化的資金調度和運用手法，這也算是大型銀行特有的經營模式。

✅ 7 銀行的經營模式

最後，我們來看7&I控股旗下的 7 銀行。分析 7 銀行的財報，可以看出他們的經營模式和前面兩家非常不同。

一般銀行的資產部分（資產負債表左邊），放款和有價證券的規模都很大，但 7 銀行的放款只有 230 億圓，有價證券也只有 710 億圓。大多數的資產都是無法創造收入的現金及存款（8,480 億圓）。因此，損益表中的資金運用收入，只有 40 億圓。

那麼，7 銀行的收入從何而來呢？損益表中的大部分收入，都來自各項服務暨交易之收入科目，謎底就在這項科目的明細裡。**7 銀行的收入大多來自「ATM 手續費」（1,360 億圓）。**

當使用者從 7 銀行的 ATM 領取他行現金時，他行必須支付 7 銀行手續費。換句話說，使用者操作他行戶頭時支付的手續費，一部分會成為 7 銀行的收益。

這一套經營模式要滿足兩個條件才會成功，一是擁有像 7-11 那樣客源廣大的店鋪，大多數客人也要願意使用店內的 ATM。7 銀行和其他銀行不同，不仰賴資金運用收入，而是**建構**

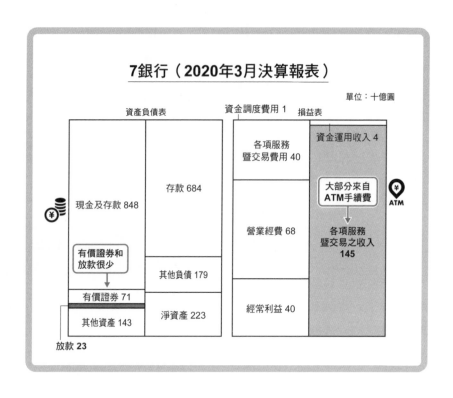

7銀行（2020年3月決算報表）

單位：十億圓

資產負債表

資金調度費用 1　　損益表

現金及存款 848

存款 684

有價證券和放款很少

有價證券 71

其他負債 179

其他資產 143

淨資產 223

放款 23

各項服務暨交易費用 40

營業經費 68

經常利益 40

資金運用收入 4

大部分來自ATM手續費

各項服務暨交易之收入 145

ATM

一套特殊的經營模式，賺取 ATM 的手續費。這也是 7 銀行獲利水平較高的原因。

　　雖然 7 銀行成功建立了一套高利潤的經營模式，但**疫情爆發後，前往便利商店消費的客人變少，許多人改用數位支付的手段，對他們的經營相當不利**。事實上，在 2020 年 4 月到 12 月，7 銀行的 ATM 使用次數大幅衰退，好幾個月的業績比不上前一年。於是，7 銀行**推廣海外匯款服務和全球 ATM 業務**，試圖開闢新的收益來源。

比較重點！

　　前面我們看了大垣共立銀行、三菱 UFJ 銀行、7 銀行的財報，也分析了這三家銀行的經營模式。大垣共立銀行和三菱 UFJ

銀行，還保有傳統銀行業的經營模式，只不過資金調度和運用手法有差別。相對地，7 銀行建構出獨特的經營模式，以 ATM 的手續費為主要收益。

最後，總結一下各家銀行的經營模式有何特徵。

企業	經營模式的特徵
大垣共立銀行	與地區發展緊密相連，屬於地方銀行型
三菱 UFJ 銀行	資金運用和調度手法多樣，屬於都市銀行型
7 銀行	以 ATM 手續費為主要收益，屬於流通銀行型

Chapter 4

製造業的財報

1 | 同為日本知名製造業，不同經營模式也會造成財報極大的差異

　　第四章開場，我們先來看日本最具代表性的三家企業。分別是**任天堂**、**第一三共**和**豐田汽車**。

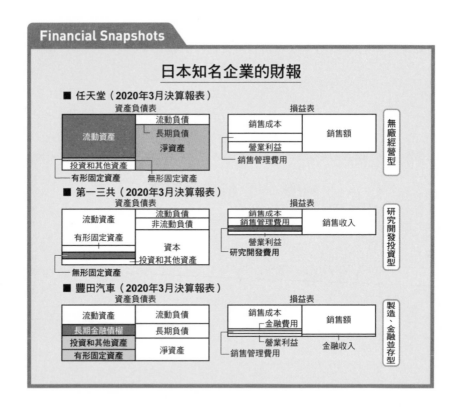

Financial Snapshots

日本知名企業的財報

■ 任天堂（2020年3月決算報表）

■ 第一三共（2020年3月決算報表）

■ 豐田汽車（2020年3月決算報表）

　　這三家都是耳熟能詳的大企業，任天堂是主打 Nintendo Switch 的遊戲廠商。第一三共則是以研發新藥為主的醫藥大廠，豐田汽車顧名思義是汽車製造商，在 2020 年達到全球第一的市占率。

　　在分析這些企業的財報時，要注意以下三大要點。

- 任天堂為何流動資產龐大,又堅持無負債經營?
- 以研發新藥為主的醫藥大廠,財報有什麼樣的特徵?
- 豐田汽車為何有大量的金融債權?

☑ 任天堂為何流動資產龐大,又堅持無負債經營?

那好,我們先來看任天堂的財報。

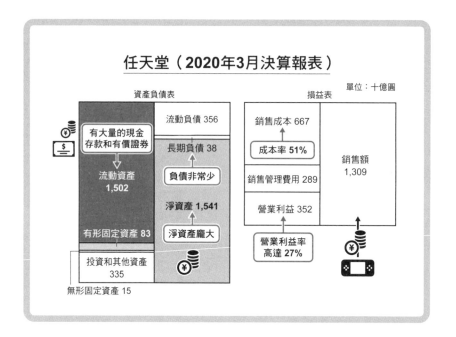

任天堂(2020年3月決算報表)

任天堂的資產負債表有幾個特徵,**首先是流動資產龐大,幾乎沒認列有形固定資產;負債也相當少,還擁有龐大的淨資產。**任天堂和接下來要介紹的基恩斯、BALMUDA、亞曼一樣,都是採用委外製造的「無廠經營企業」。因此,幾乎沒有認列有形固定資產。

再看流動資產明細,最多的是現金和存款科目(8,900億

圓），其次是有價證券（3,260 億圓）。合計有 1 兆 2,000 億圓以上的運用資產。

而這些運用資產來自 1 兆 7,070 億圓的保留盈餘，保留盈餘也占淨資產的大宗。任天堂的自有資本率（＝淨資產 ÷ 總資本）高達 80%。

換句話說，**任天堂將以往的利潤保留下來，當作公司的運用資產**。另一方面，任天堂的負債也非常少。而且，當中並沒有銀行借款這一類的有息債務，算是**典型的無負債經營企業**。

再看損益表，銷售額高達 1 兆 3,090 億圓，銷售成本只有 6,670 億圓。**任天堂的成本率（＝銷售成本 ÷ 銷售額）才 51%**，以製造業來說算相當低。**營業利益率（＝營業利益 ÷ 銷售額）更高達 27%，這代表他們的本業相當賺錢**。

任天堂推出過許多家喻戶曉的主機，包括 Switch、Wii、DS 等等，主機熱賣也帶動電玩軟體銷量，創造了極大的收益。這些收益保留下來，就成了現金及存款，以及有價證券這一類的運用資產。可以說，任天堂的財務基礎非常扎實。

從這一份財報可以看出，任天堂的財務操作一向安全保守。為什麼任天堂如此重視財務安全呢？理由在於，任天堂過去的業績十分不穩定。

比方說，2020 年 3 月決算時，銷售額高達 1 兆 3,090 億圓，但四年前的數字並不理想；2016 年 3 月決算的銷售額，不足這個數字的一半。再往回看，2009 年 6 月決算時，銷售額則是逼近兩兆大關。

任天堂的業績之所以如此不穩定，主要是他們推出熱銷機種後，後續推出的機種銷量並不理想。

一直以來，**任天堂的業績好壞，取決於能否推出熱銷的機種**。遊戲產業風險極高，商品熱銷就有莫大的利潤，但商品銷量不佳的話，銷售額和利潤便大幅下滑。

所以，**任天堂保有大量的現金，來應對極端的業績變化**。而

且，**他們屬於不持有工廠的經營模式，萬一銷售額下滑，也沒有過多的生產設備成本**。正因為遊戲界風險高，**任天堂才徹底杜絕一切財務風險**。

✅ 以研發新藥為主的醫藥大廠，財報有何特徵？

接下來，我們來看第一三共的財報（詳見下圖）。第一三共採用 **IFRS（國際財務報告準則）**，跟採用日本準則的財報架構不同。按照慣例，我們就不要太計較細節，直接來剖析其內容吧。

第一三共我們先來看損益表，該公司的銷售收入是 9,820 億圓，銷售成本才 3,430 億圓，成本率 35%，算是相當低了。**以研發新藥為主的醫藥企業，可以申請專利進行寡占生產**，再設定較

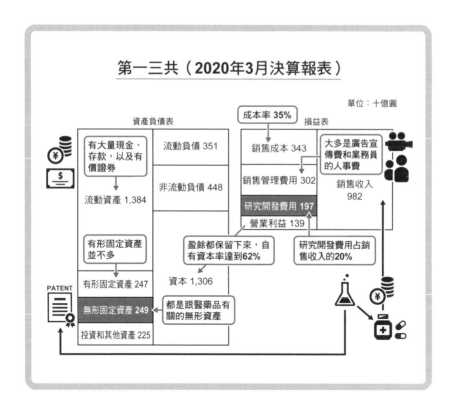

第一三共（**2020年3月決算報表**）

單位：十億圓

資產負債表

損益表

成本率 35%

有大量現金、存款，以及有價證券

流動負債 351

銷售成本 343

大多是廣告宣傳費和業務員的人事費

流動資產 1,384

非流動負債 448

銷售管理費用 302

銷售收入 982

研究開發費用 197

營業利益 139

有形固定資產並不多

盈餘都保留下來，自有資本率達到 62%

研究開發費用占銷售收入的 20%

有形固定資產 247

資本 1,306

PATENT

無形固定資產 249

都是跟醫藥品有關的無形資產

投資和其他資產 225

高的價格。**因此，成本率不高，卻有很好的利潤**。這也是醫藥大廠投入資源開發新藥的一大因素。

相對地，新藥的專利期限大約是 20 年。專利到期以後，就會推出價格低廉的學名藥（非專利藥物）。**醫藥大廠在新藥專利到期時，收益有可能大幅下滑**。因此，在分析醫藥大廠的業績時必須留意這一點。

研究開發是生產新藥的動力，第一三共的研究開發費用為1,970 億圓。**這代表銷售收入的 20%，都用來研發新藥。以一家著重研發新藥的企業來說，這樣的研究開發費用是普通水準**。投注大量的研究開發費用，生產新藥來賺取龐大的利潤，這就是開發新藥的藥廠慣用的獲利模式。

再者，**第一三共的銷售管理費用中，包含了大量的人事費、廣告宣傳費、促銷費**。合理推測，廣告宣傳費和促銷費，是用來替藥妝店的非處方藥物打廣告。而人事費則是醫藥業務代表的薪資，這些人主要負責去醫院推銷藥品。

最終產生的利潤都保留下來，累積了大量的**保留盈餘**，第一三共的資本（淨資產）也相當雄厚。到頭來，**第一三共的自有資本率高達 62%**。再看資產負債表的資產部分，流動資產中的現金及存款，還有金融資產的部分，就是那些保留下來的盈餘。兩者合計 8,910 億圓。

而固定資產部分（非流動資產），有形固定資產為 2,470 億圓；無形固定資產（在實際的資產負債表上，科目是商譽和無形資產）為 2,490 億圓。**醫藥大廠通常不需要大規模的生產設備，因此有形固定資產的金額多半不大**。

另一方面，無形固定資產當中，認列了商譽、醫藥品研究開發、商標權等資產。**根據日本會計準則，自家醫藥品的研究開發費用，不得認列為資產**。不過，**IFRS 在滿足一定條件的情況下，得以認列為資產**。

簡單來說，因為第一三共採用 IFRS，所以無形固定資產中，

也有認列一部分的研究開發費用（也就是有滿足特殊條件的部分）。由此可見，第一三共的財報中，確實有開發新藥的藥廠該有的特徵。

☑ 豐田汽車有大量的金融債權的原因

最後，我們來看豐田汽車（之後簡稱豐田）的財報。豐田的財報採用**美國會計準則**。

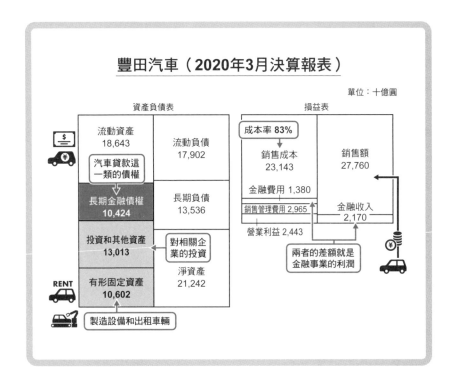

豐田是全球知名的汽車製造商，在分析豐田的財報時，**要留意豐田同時兼具汽車製造業和金融業的特性**。因為，**消費者購買汽車時貸款的金額很龐大，會影響到財報數字**。

先來看資產負債表，資產部分中有**長期金融債權**，高達 10

兆 4,240 億圓。圖中雖然沒有明示，但流動資產當中也有 6 兆 6,140 億圓的金融債權。這些主要是販賣汽車時，與貸款有關的零售債權，以及提供給銷售商的批發債權。如下圖所示，這些多半是北美地區的金融債權。

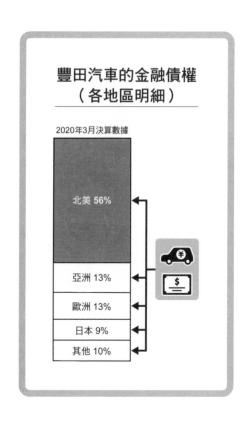

豐田汽車的金融債權
（各地區明細）

2020年3月決算數據

北美 56%

亞洲 13%

歐洲 13%

日本 9%

其他 10%

要在北美販賣汽車，就必須提供貸款服務，因此許多汽車製造商都有認列金融債權。從資產負債表上也看得出來，豐田兼具金融業的特性。另一方面，豐田也保有大量的有形固定資產（10 兆 6,020 億圓），投資和其他資產的金額也不少（13 兆又 130 億圓）。

有形固定資產主要是製造汽車的設備、建築、土地，還有租賃事業的車輛器材等等。至於投資和其他資產的金額，代表豐田對相關企業挹注了大量投資。

豐田生產汽車必須跟相關的廠商合作，包括電裝、愛信精機、豐田合成等等。投資這些企業，也是在保護豐田自家的汽車生產事業。有形固定資產、投資和其他資產這兩大科目，代表豐田本身的製造業特性。

再看損益表，商品和各項製品的銷售額高達 27 兆 7,600 億圓，銷售成本也有 23 兆 1,430 億圓（成本率 83%）。這 4 兆

6,170 億圓的差額，就是汽車製造業帶來的利潤。

　　相對地，金融事業帶來的收入為 2 兆 1,700 億圓，金融費用則為 1 兆 3,800 億圓，差額為 7,910 億圓（因為四捨五入，難免有誤差）。金融事業本身需要大量的資金（亦即資本），但創造出來的利潤似乎並不多。然而，**販賣汽車必須提供貸款服務，因此豐田也的確需要金融事業。**

　　綜合以上的結果，豐田的營業利益為 2 兆 4,430 億圓，營業利益率（營業利益 ÷〔銷售額＋金融收入〕）為 8%。

比較重點！

　　這一節我們看了三家日本最具代表性的企業。同樣都是製造業，任天堂屬於無廠經營的遊戲商，第一三共則是仰賴新藥的專利，創造龐大的利潤。豐田兼具汽車製造業和金融業的特性，財報跟其他兩家也大不相同。

　　最後，總結一下各家企業的經營模式有何特徵。

企業	經營模式的特徵
任天堂	遊戲製造商，低財務風險，屬於無廠經營型
第一三共	開發新藥的醫藥大廠，屬於研究開發投資型
豐田汽車	汽車製造商，屬於製造和金融並存型

2 | 三家高收益 B to B 企業的財報差異

這一節我們來看三家知名的高收益 B to B 企業，分別是**基恩斯、信越化學工業**，還有**日本電產**。

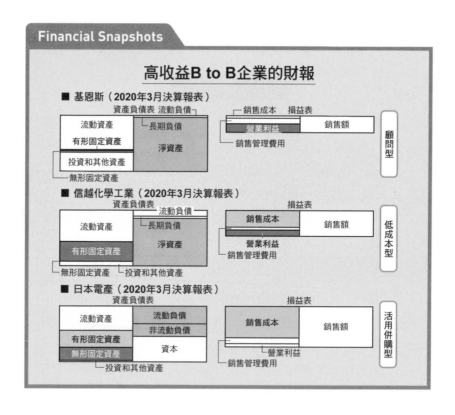

基恩斯生產自動化感應器和計測器，據說每名員工平均年薪超過 1,800 萬圓（2020 年 3 月決算時的數字），是知名的高薪企業。信越化學工業號稱是全球最大的聚氯乙烯製造商。日本電產主要生產車用馬達和工業馬達，而且透過反覆的併購，來維持極高的成長率，這種手法也為人津津樂道。

在分析這些企業時，要注意以下三大要點。

● 基恩斯的收益結構跟哪一種行業類似？
● 信越化學工業如何實現高收益性？
● 善用併購手法的日本電產，為何無形固定資產龐大？

為何這些企業的利潤特別高？一起來深入了解他們的經營模式，從中找出答案。

☑ 基恩斯的收益結構與顧問公司類似

首先，我們來看基恩斯的財報。**基恩斯的資產負債表當中，資產部分幾乎沒有認列有形固定資產**。因為基恩斯採用**無廠經營**模式，並沒有保有生產設備。另一方面，投資和其他資產認列

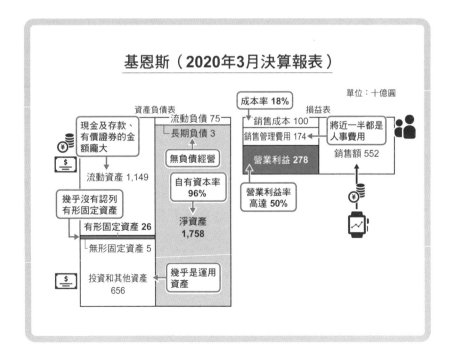

基恩斯（**2020年3月決算報表**）

單位：十億圓

資產負債表

現金及存款、有價證券的金額龐大

流動資產 1,149

幾乎沒有認列有形固定資產

有形固定資產 26

無形固定資產 5

投資和其他資產 656

流動負債 75
長期負債 3

無負債經營

自有資本率 96%

淨資產 1,758

幾乎是運用資產

成本率 18%

損益表

銷售成本 100
銷售管理費用 174

營業利益 278

營業利益率高達 50%

將近一半都是人事費用

銷售額 552

6,560 億圓，這當中有 6,470 億圓的有價證券投資。

根據 2020 年 3 月決算報告，這些有價證券投資主要是可靠的公債和公司債，屬於中長期的運用資產。加上現金及存款，以及有價證券等流動資產，基恩斯的運用資產高達 1 兆 5,920 億圓。

另外，基恩斯的自有資本率高達 96%，**也沒有認列有息負債，屬於無負債經營的企業**。考慮到他們手上還有雄厚的資金，可謂**安全無虞**。

順便來看損益表，銷售額為 5,520 億圓，銷售成本才 1,000 億圓，成本率也才 18% 而已。銷售管理費用（1,740 億圓）占銷售額的 31%（銷售管理費率），**有一半幾乎都是人事費（850 億圓）**，研究開發費用也有 160 億圓。綜合上述結果，基恩斯的營業利益率高達 50%，這可是相當高的水準。

利益率高、人事成本也高的行業，當屬顧問公司。例如，從事併購仲介的 M&A Center，2020 年 3 月決算時的成本率為 39%，銷售管理費率為 16%，營業利益率高達 45%。

這一家公司提供併購的顧問服務，這種服務本身沒有實質型態，成本率卻是出奇的高。至於成本大多是顧問的人事費用，以及併購仲介的相關經費。

所以說，雖然基恩斯的主力商品是自動化的感應器和計測器，實際上他們是用這些商品提供經營建議，提升服務本身的附加價值。再加上基恩斯屬於無廠經營的企業，嚴格來講不算製造商，而是一家顧問公司，提供工廠的改善方案和開發機能。

從財務上來看，**基恩斯手上有雄厚的資金和極高的收益，又是無負債經營，是一家財務非常健全的企業**。也因為基恩斯財務體質健全，股東要求他們分配更多的股東權益。

的確，把這麼多資金當成運用資產放在手上，倒不如發放股利回饋股東，股東會有這樣的考量也無可厚非。事實上，基恩斯的配息率（＝每股股利 ÷ 每股盈餘），在 2019 年 3 月決算時才 10% 左右，到了 2020 年 3 月決算時上升到 20% 左右。考量到他

們手中有如此龐大的資金，這種配息率是不夠的。未來如何運用手上資金，基恩斯必須好好說明才行。

✅ 信越化學工業實現高收益性的三大優勢

接下來，請看信越化學工業的財報（詳見下圖）。信越化學工業是一家化學大廠，屬於**設備集中型**的產業，可以想見財報中有認列大量的有形固定資產。

事實上，資產負債表的資產部分（左邊），確實有 1 兆 1,200 億圓的有形固定資產。大部分是聚氯乙烯、矽晶圓、功能性化學產品的生產工廠。這些工廠不只設立在日本，也設立在歐美和其他國家。

不過，資產部分中最大的科目是流動資產（1 兆 8,250 億圓）。**信越化學工業保有大量的現金（8,360 億圓）和有價證券（2,510 億圓）**。

再來看資產負債表中的負債和淨資產部分（資產負債表的右

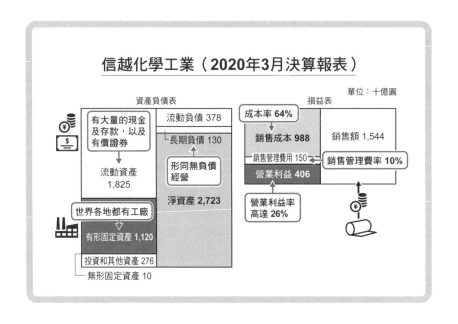

信越化學工業（2020年3月決算報表）

單位：十億圓

資產負債表

有大量的現金及存款，以及有價證券
流動資產 1,825

流動負債 378
長期負債 130
形同無負債經營
淨資產 2,723

世界各地都有工廠
有形固定資產 1,120
投資和其他資產 276
無形固定資產 10

損益表

成本率 64%
銷售成本 988
銷售管理費用 150
營業利益 406
營業利益率高達 26%

銷售額 1,544
銷售管理費率 10%

邊），信越化學工業有龐大的淨資產，這代表他們的現金和有價證券，都是過去留下的盈餘。另外，負債當中有一部分的有息負債，但手頭的資金大幅超越這些債務，形同無負債經營的企業。

損益表的銷售額為 1 兆 5,440 億圓，銷售成本為 9,880 億圓，成本率 64%。一般來說，**B to B 企業的成本率偏高，化學廠的成本率多半也超過 70%**，相形之下信越化學工業的成本率並不高。信越化學工業的產品在全球擁有頂尖的市占率，他們一方面**控制原物料價格，另一方面透過強大的技術實力攻占市占率，這也是成本率不高的因素之一。**

此外，銷售管理費用（1,500 億圓）占銷售額的 10%，**B to B 企業不需要廣告宣傳費用或大量的業務成本，所以銷售管理費的比例相對較低。信越化學工業的銷售管理費率也不高，這一點跟他們的技術實力、高市占率，還有低成本經營**都有關係。

成本率、銷售管理費率都控制得當，所以信越化學工業的營業利益率才會高達 26%。

✅ 善用併購手法的日本電產，為何無形固定資產龐大？

日本電產的財報特徵如下，資產負債表的資產部分，除了有形固定資產（6,330 億圓）以外，還有認列相當程度的**無形固定資產（實際的資產負債表上，認列了 4,960 億圓的商譽和無形固定資產）。**

日本電產除了生產精密的小型馬達以外，還有生產車用、家電用、工業用馬達。日本國內外的工廠機械、土地建築等等，都認列為有形固定資產。

日本電產的無形固定資產，很大一部分是商譽（3,560 億圓）。**併購是日本電產的成長策略之一，而併購會認列商譽（第三章的 P103-106 談到併購的認列原理）。日本電產從 90 年代

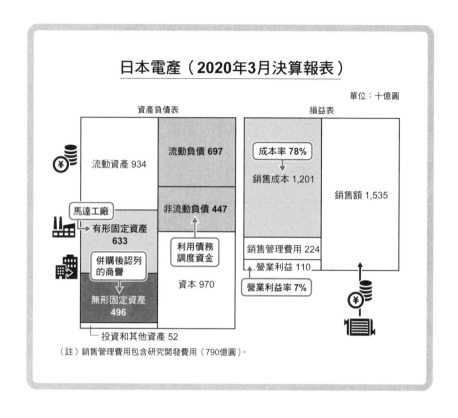

日本電產（2020年3月決算報表）

單位：十億圓

資產負債表

損益表

流動資產 934

流動負債 697

馬達工廠
有形固定資產 633

併購後認列的商譽

無形固定資產 496

投資和其他資產 52

非流動負債 447

利用債務調度資金

資本 970

成本率 78%
銷售成本 1,201

銷售管理費用 224

營業利益 110

營業利益率 7%

銷售額 1,535

¥

（註）銷售管理費用包含研究開發費用（790億圓）。

後半開始，就以併購手法實現經營策略，至今併購數量已超過 60 件以上。

　　日本電產的資產負債表右邊，有認列短期借款和長期債務等有息負債。**日本電產並不堅持無負債經營，而是用有息負債來調度營運所需的資金**。這一點跟基恩斯、信越化學工業並不一樣。話雖如此，自有資本率也達到 46%，安全上沒有問題。

　　再看損益表，銷售額高達 1 兆 5,350 億圓，銷售成本也有 1 兆 2,010 億圓，成本率為 78%。同為馬達製造商的萬寶至馬達，成本率為 70%（2020 年 12 月決算數據），該企業是以商品標準化的流程，來壓低成本率。

　　日本電產因提供商品客製化的服務，相形之下成本率較高。然而，跟三葉相比成本率算低了，三葉主要涉及車用馬達的相關

業務，成本率高達 87%（2020 年 3 月決算數據）。最後，日本電產的銷售管理費用為 2,240 億圓（占銷售額的 15%），當中還包含了研究開發費用，營業利益率有 7% 的水準。

誠如前述，**日本電產最為人津津樂道的，就是他們大量的併購經驗**。以下就來說明該企業併購的要點。2017 年 4 月 26 日的日本經濟新聞早報，介紹了（現任會長）在併購其他企業時的要點整理。

永守重信看重的併購要點

1. 不溢價收購（以適當的價格併購）。
2. 積極介入經營，重振併購對象的業績。
3. 發揮相輔相成的效果。

（資料來源）2017年4月26日的日本經濟新聞早報

第一個重點是「**不溢價收購**」，簡單說，就是用適當的價格進行併購。併購的企業價值是否高過併購的價格，這才是決定併購成敗的關鍵。因此，併購的價格越高，併購的成功率就越低。這也是永守重信絕不溢價收購的原因。

第二個重點是**積極介入併購對象，重振其業績**。日本電產過去多次救援併購對象，這點非常有名。永守重信在剛才的日本經濟新聞早報還提到，有的企業工廠凌亂不堪，員工教育也亂七八糟；像這種企業只要好好檢討管理手法，還大有可為。只要把日本電產的管理方式套用到那些企業上，就有機會轉虧為盈。

第三個重點是**發揮相輔相成的效果**。日本電產會把自家的馬達技術，和收購對象的技術結合起來，開發出一套新的技術模組，滿足家電和汽車的市場需求。也多虧日本電產對併購有所堅持，終於成為銷售額 1.5 兆元以上的大企業。

比較重點！

這一節我們分析了高收益的 B to B 企業財報。

基恩斯提供顧問建議，增加服務本身的附加價值，藉此實現極高的收益性。信越化學工業貫徹低成本經營，來拉高本身的利潤。另外從財報也看得出來，信越化學工業形同無負債經營，基恩斯也同樣是無負債經營。

日本電產活用併購手法來達到成長目的，經歷過多次併購以後，他們的資產負債表上認列了大量的商譽，這也算是一大特徵。有別於信越化學工業和基恩斯，日本電產會靠有息負債來調度資金。

同樣是高收益的 B to B 企業，各自的經營策略和模式，也會大幅影響財報。

企業	經營模式的特徵
基恩斯	無負債經營，屬於顧問型
信越化學工業	形同無負債經營，屬於低成本經營型
日本電產	活用有息負債，屬於活用併購型

3 | 無廠模式是家電製造商的最佳解方？

　　這一節我們來看三家家電製造商的財報，分別是 BALMUDA、亞曼和 Twinbird。

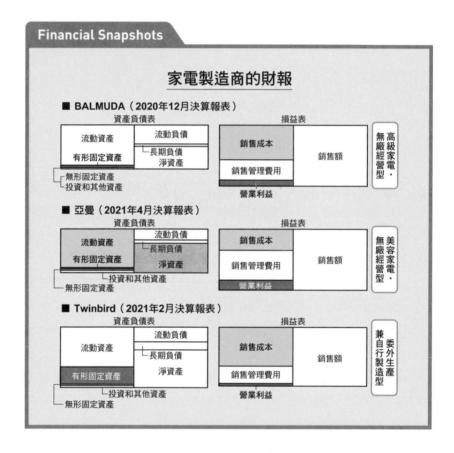

Financial Snapshots

家電製造商的財報

■ BALMUDA（2020年12月決算報表）

資產負債表

流動資產	流動負債
有形固定資產	長期負債
	淨資產

└ 無形固定資產
└ 投資和其他資產

損益表

銷售成本	銷售額
銷售管理費用	
營業利益	

高級家電・無廠經營型

■ 亞曼（2021年4月決算報表）

資產負債表

流動資產	流動負債
	長期負債
有形固定資產	淨資產

└ 投資和其他資產
└ 無形固定資產

損益表

銷售成本	銷售額
銷售管理費用	
營業利益	

美容家電・無廠經營型

■ Twinbird（2021年2月決算報表）

資產負債表

流動資產	流動負債
	長期負債
	淨資產
有形固定資產	

└ 投資和其他資產
└ 無形固定資產

損益表

銷售成本	銷售額
銷售管理費用	
營業利益	

兼自行製造型・委外生產

　　BALMUDA 是高級家電製造商，2020 年 12 月在東證 MOTHERS 上市。2021 年 5 月表明要跨足手機事業，引來廣泛的矚目。亞曼是開發美顏器和美容家電的廠商，Twinbird 則是生產低價仿製家電的廠商。這三家廠商和一般的龍頭家電廠商，有著

不同的市場定位和強項。他們的財報又有什麼樣的特殊性呢？

　　在分析這些企業的財報時，要注意以下三大要點。

● BALMUDA 如何維持極高的利益率？
● 亞曼和化妝品製造商有何共通點？
● Twinbird 的特徵和經營課題為何？

　　接下來，我們就來比較這三家企業的損益表和資產負債表，同時分析這三家企業的經營模式有哪些特徵。

✅ BALMUDA 維持高利益率的經營手法

　　BALMUDA 是寺尾玄創辦的高級家電製造商。寺尾玄高中肄業，曾經浪跡各國，也從事過音樂活動，是一位非常特別的

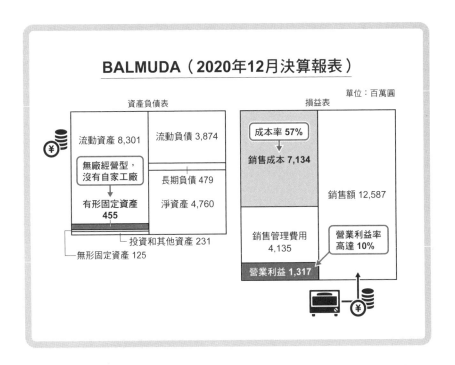

BALMUDA（2020年12月決算報表）

單位：百萬圓

資產負債表

損益表

流動資產 8,301　　流動負債 3,874

無廠經營型，沒有自家工廠 →

有形固定資產 **455**

長期負債 479

淨資產 4,760

投資和其他資產 231

無形固定資產 125

成本率 **57%** →

銷售成本 **7,134**

銷售額 12,587

銷售管理費用 4,135

營業利益 **1,317**

營業利益率高達 **10%**

企業家。2003 年創立了 BALMUDA 設計公司，這一家公司就是
BALMUDA 家電的前身。

　　寺尾玄一開始生產筆記型電腦的冷卻裝置「X－Base」。後來
又開發高級檯燈「Highwire」和「Airline」，都有不錯的評價。
不過，雷曼風暴重創企業營運，於是推出了「GreenFan」風扇，
主打自然涼風，成功度過了企業危機。

　　2015 年又推出「BALMUDA The Toaster」吐司機，這一款吐
司機要價 2 萬 5,000 圓，比一般吐司機貴很多。不過，烤出來的
吐司非常美味，熱銷超過 100 萬台。

　　我們來看 P139 的 BALMUDA 財報。**BALMUDA 的資產負
債表有一個特色，就是幾乎沒認列有形固定資產**。一般來說，製
造商需要工廠和各種生產設備，所以會認列有形固定資產。為什
麼 BALMUDA 的有形固定資產特別少呢？理由跟 BALMUDA 的
經營模式有關。

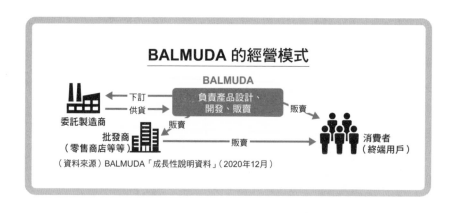

BALMUDA 的經營模式

（資料來源）BALMUDA「成長性說明資料」（2020年12月）

　　**BALMUDA 主要負責商品設計、開發、販售，實際生產都
交給海內外的委託製造商**。這屬於一種沒有量產工廠的「無廠經
營企業」，前面也介紹了其他的無廠經營企業，好比迅銷、任天
堂、基恩斯皆屬此類。除此之外，美國的 iRobot 也是很有名的無
廠經營企業，主要生產掃地機器人。

BALMUDA 的損益表還有一個特徵，就是獲利極高，營業利益率高達 10%。一般民生電機製造商也才 6% 左右，BALMUDA 的數字大幅超越了這個水平。**高收益的祕訣跟以下三點有關，分別是獨特的訂價，以及開發和銷售的手法。**

寺尾玄曾在專訪中表示，BALMUDA 所有商品的訂價和企劃，都是靠他的「直覺」來進行的。關於這一點寺尾玄認為，**能否站在社會大眾的角度來訂價才是關鍵**（2016 年 6 月 1 日的 GetNavi web 報導）。

BALMUDA 的商品價格都比較高，價格和價值是否相符，全仰賴寺尾玄本人的直覺。至於商品的概念，則由該公司的創造團隊負責實現。創造團隊會配合原型機種來進行商品設計，待排除各項風險以後，再執行量產計畫。

BALMUDA 還特別在展示和開發內涵下工夫，提高商品本身的品牌魅力。基本上，商品也不會有太多的類型，一項商品就只有一種款式，並且依照固定的價格來販賣。這就是維持高收益的祕訣。

這種銷售手法之所以會成功，主要是 BALMUDA 有優秀的商品設計能力，商品功能也獲得一致的肯定，間接帶動了品牌知名度。因此，成本率（＝銷售成本 ÷ 銷售額）才 57%，也抑制在相對低的水平。

✅ 亞曼和化妝品製造商的共通點

接下來，我們來看亞曼的財報。亞曼是 1978 年設立的進口批發公司，本來都是引進半導體檢測裝置，還有美體沙龍的美容健康器材。現在的亞曼主要販賣美顏器和其他美容家電，並於 2012 年成功上市。2020 年 10 月，亞曼和資生堂共同成立抗老化的保養品公司。

亞曼的資產負債表，也幾乎沒認列有形固定資產。由此可

見，亞曼和 BALMUDA 一樣屬於無廠經營的企業。

實際來看亞曼的中期經營計畫說明資料，該公司負責的只有

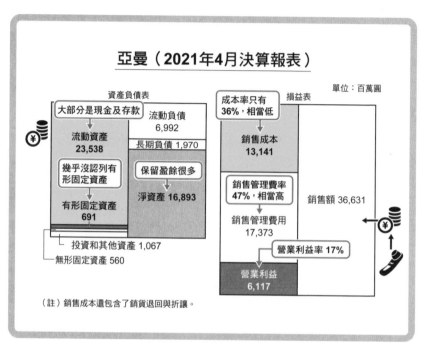

亞曼（2021年4月決算報表）

單位：百萬圓

資產負債表

大部分是現金及存款
流動資產
23,538

幾乎沒認列有形固定資產

有形固定資產
691

流動負債
6,992

長期負債 1,970

保留盈餘很多
淨資產 16,893

投資和其他資產 1,067
無形固定資產 560

損益表

成本率只有36%，相當低

銷售成本
13,141

銷售管理費率47%，相當高

銷售管理費用
17,373

營業利益率 17%

營業利益
6,117

銷售額 36,631

（註）銷售成本還包含了銷貨退回與折讓。

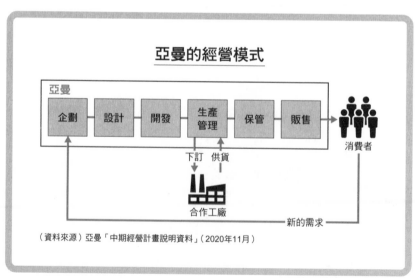

亞曼的經營模式

亞曼

企劃 — 設計 — 開發 — 生產管理 — 保管 — 販售 → 消費者

下訂　供貨

合作工廠

新的需求

（資料來源）亞曼「中期經營計畫說明資料」（2020年11月）

企劃、設計、開發、販售，生產商品的都是合作廠商，經營資源也只花在這些層面上，並沒有投注在生產過程。這種經營模式，和 BALMUDA 也一模一樣。

再看資產負債表的右邊，淨資產的金額也相當龐大。**這反映了他們過去良好的業績，所以有大量的保留盈餘。**左邊的流動資產當中，大部分是現金及存款，高達 129 億 5,800 萬圓。**代表現金及存款就是過去的保留盈餘。**

不過，亞曼的損益表架構和 BALMUDA 截然不同。**亞曼的成本率才 36%，比 BALMUDA 的 57% 還要低。然而，銷售管理費率（＝銷售管理費 ÷ 銷售額）卻高達 47%，BALMUDA 才33% 而已。**

幸好，到頭來亞曼的營業利益率還有 17%。有這樣的好成績，主要是新冠疫情爆發以後，在家自行美容的消費者變多了，也帶動了亞曼的商品銷量。

化妝品製造商的成本結構，跟亞曼的成本結構很類似。比方說，高絲（2021 年 3 月決算報表）的成本率為 28%，銷售管理費率為 68%。

化妝品的生產成本低廉，但需要行銷費用提升品牌形象，銷售也需要大筆的人事費用。儘管成本率不高，但銷售管理費率也壓不下來，這就是化妝品製造商常見的成本結構（不過，疫情影響到高絲的銷售額，所以銷售管理費率才會比以前

銷售管理費用的主要明細

亞曼

廣告宣傳費
58%

業務委外費 8%
薪資 7%

其他
27%

高絲

促銷費
32%

薪資
26%

廣告宣傳費 11%

其他
32%

（註）亞曼的資料來自2021年4月決算報表，
高絲的資料來自2021年3月決算報表。

高，高達 68%）。

　　亞曼的成本結構也有異曲同工之處。實際比較一下亞曼和高絲的銷售管理費用明細，發現亞曼的廣告宣傳費用，就占了銷售管理費用的六成左右，而高絲主要是花在促銷費和人事費用上。兩者同樣砸下了大筆的銷售管理費用，來建立並維持自家企業的品牌形象。

✅ Twinbird 的特徵和經營課題

　　最後，來看 Twinbird 工業的財報（詳見下圖）。Twinbird 工業的資產負債表當中，有形固定資產高達 38 億 6,200 萬圓，跟前面兩家企業截然不同。

　　這些有形固定資產，大部分是新潟縣燕市的總工廠（占 22 億 4,400 萬圓）。Twinbird 工業的產品有八成是委託中國和其他

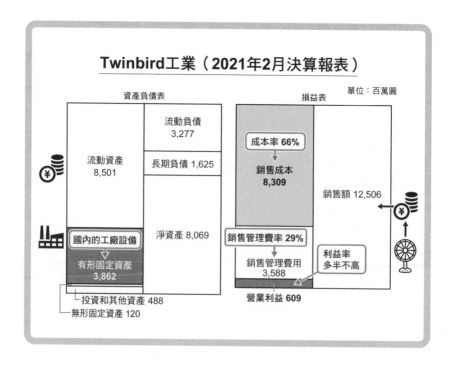

海外工廠生產，但總公司的工廠也生產商品（資料來源：2019 年 1 月 11 日的日本經濟新聞地方版），**Twinbird 工業算是兼顧委外生產和自行製造的類型**。

再看損益表的結構，成本率 66%，銷售管理費率 29%，營業利益率 5%。2020 年 2 月決算時，營業利益率才 1.5%，所以利益率有所改善。然而，這主要是賣出大量的冷凍庫，供新冠疫苗輸送和保存之用。

Twinbird 工業的主力商品，一向都是低價的**仿製家電**，以及各種型錄禮品。因此，**有成本率較高的傾向，而且家電量販店是他們的主要銷售平台，量販店也有一定的營業成本，以至於很難有太高的利益率**。這一點是 Twinbird 工業有待解決的經營課題。

對於這個問題，Twinbird 工業決定增加一些高階的商品，來提升商品的單價。好比生產全自動咖啡機，來滿足消費者個人喜好。同時，活用總工廠的生產技術，製造高級的電風扇和電磁爐（資料來源：2020 年 3 月 4 日的日本經濟新聞地方版）。另外，Twinbird 工業也開始生產日製美容家電，賣到中國和其他亞洲國家。這些手段是否見效，還要關注他們未來的業績才行。

比較重點！

這一節我們比較了 BALMUDA、亞曼、Twinbird 這三家企業，深入了解財報和經營模式的關聯。

BALMUDA 和亞曼採用無廠經營的模式，專注於商品企劃、開發、販賣流程。Twinbird 則是兼顧委外生產和自製生產，經營模式和前兩家不一樣。

電機界有一個術語叫「**微笑曲線**」，這個術語形容的是一種產業結構。上游的研究開發和下游的保養工程有極高的附加價值，因此收益性較好。相對地，中游的組裝事業附加價值相對

低，收益性自然也不高。

　　BALMUDA 和亞曼正好符合附加價值較高的部分，他們的經營模式主要專注於提升自家商品的品牌魅力。Twinbird 工業比較接近中下游的組裝事業，利潤相對不高。現在 Twinbird 主打「日本製」的行銷策略，就看未來能否成功提高品牌價值了。

企業	經營模式的特徵
BALMUDA	販賣高級家電，屬於無廠經營型
亞曼	販賣美容家電，屬於無廠經營型
Twinbird 工業	販賣仿製家電，屬於委外生產兼自製生產型

Chapter **5**

科技業巨頭
和競爭對手的財報

1 分析知名資訊科技產業的經營模式和財報

第五章我們先來看**谷歌（Alphabet）**、**臉書**和 **Zoom** 的財報。

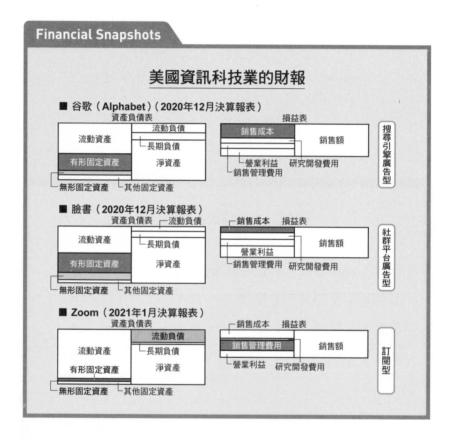

Financial Snapshots

美國資訊科技業的財報

■ 谷歌（Alphabet）（2020年12月決算報表）

資產負債表　　　　損益表　　　　搜尋引擎廣告型
流動資產｜流動負債／長期負債／淨資產
有形固定資產
無形固定資產　其他固定資產
銷售成本／銷售額／營業利益／研究開發費用／銷售管理費用

■ 臉書（2020年12月決算報表）

資產負債表　流動負債　　損益表　　　社群平台廣告型
流動資產／長期負債／淨資產
有形固定資產
無形固定資產　其他固定資產
銷售成本／銷售額／營業利益／銷售管理費用／研究開發費用

■ Zoom（2021年1月決算報表）

資產負債表　　　損益表　　　訂閱型
流動資產／流動負債／長期負債／淨資產
有形固定資產
無形固定資產　其他固定資產
銷售成本／銷售額／銷售管理費用／營業利益／研究開發費用

　　谷歌（Alphabet）是家喻戶曉的資訊科技龍頭，現在 Alphabet 控股旗下有各種事業，包括搜尋引擎、Chrome 瀏覽器、應用程式，還有 Nexus 等硬體。

　　另外還開發安卓系統、Chrome 系統，以及經營 YouTube 影音平台等等，儼然成為**跨國複合企業**。

從 2010 年開始,**谷歌積極併購來擴大事業版圖**。臉書旗下除了有知名的同名社群平台,還有提供 Facebook Messenger 等服務。近年來還進行大規模併購,將 Instagram 和 WhatsApp 等企業也收入麾下。

Zoom(Zoom Video Communications)這一家企業,遭遇新冠疫情反而逆勢成長。因為他們提供的網路會議服務,不只用於商業活動,連私人交流和教育機構也廣泛使用。

在分析這些企業的財報時,要留意以下三大要點。

- 谷歌為何有龐大的有形固定資產和銷售成本?
- 臉書為何有極高的利益率?
- **Zoom** 的流動負債、銷售管理費用、研究開發費用,和經營模式之間有何關聯?

✅ 谷歌的龐大有形固定資產和銷售成本

先來看 Alphabet 控股(以下簡稱谷歌)的財報(詳見下圖)。首先,**資產負債表當中最龐大的科目是流動資產(1,740 億美元)**,其中現金及有價證券就占了 1,370 億美元。按照 2020 年 12 月底的匯率來換算,相當於 15 兆日圓。這一家資訊科技業的龍頭,手中握有我們難以想像的資金。

其次是有形固定資產(970 億美元,當中還包含了營業租賃資產),谷歌散布全球的數據中心有大量的伺服器,**有形固定資產就包括數據中心的土地、建築物、伺服器、各項網路設備等等**。這就是谷歌認列大量有形固定資產的原因。

無形固定資產大多是商譽(210 億美元),這是谷歌多次併購所認列的。

接下來看損益表。銷售額為 1,830 億美元,銷售成本為 850

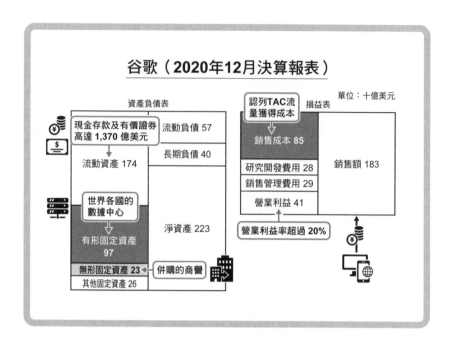

谷歌（**2020年12月決算報表**）

單位：十億美元

資產負債表

現金存款及有價證券高達 **1,370 億美元**

流動負債 57

長期負債 40

流動資產 174

世界各國的數據中心

有形固定資產 97

淨資產 223

無形固定資產 **23** ← 併購的商譽

其他固定資產 26

損益表

認列TAC流量獲得成本

銷售成本 85

研究開發費用 28

銷售管理費用 29

營業利益 41

銷售額 183

營業利益率超過 20%

億美元，成本率（＝銷售成本 ÷ 銷售額）46%。那麼，谷歌的銷售成本是什麼？

根據谷歌的年報內容，銷售成本中有 330 億美元的**流量獲得成本**（Traffic Acquisition Costs，簡稱 **TAC**）。

這是為了獲得網路上的流量或使用者，而支付給手機製造商或瀏覽器供應商的成本。

谷歌雖然是跨國複合企業，旗下也有各式各樣的事業，但 1,830 億美元的銷售額中，**廣告收入**就占了 1,470 億美元，**是最大宗的收入來源。**

他們必須獲得使用者來維持固定的廣告量，因此付出了許多的流量獲得成本。尤其讓蘋果的產品使用谷歌的搜尋引擎，就得付出龐大的成本。

另外，還要考量數據中心的營運成本，以及各種資訊內容的獲取費用。這就是谷歌銷售成本偏高的原因。再扣掉各種產品、服務的研究開發費用（R&D 費用：280 億美元）和銷售管理費用

（290 億美元），剩下 410 億美元的營業利益。營業利益率超過 20%，算是相當高的水準。

✅ 臉書的廣告收入創造極高的利益率

接下來要介紹的是臉書的資產負債表和損益表的比例縮尺圖，臉書的利益率比谷歌還要高。

臉書的資產負債表跟谷歌有一樣的特徵。同樣持有大量的現金和有價證券（620 億美元），以及龐大的有形固定資產（550 億美元），還有併購所認列的商譽（190 億美元）。

谷歌和臉書都有大量數據中心，也運用併購擴大事業版圖，同時保留大部分的盈餘。這幾點是他們的共通特徵。

另一方面，臉書的損益表和谷歌有些不同。最大的差異是銷售成本，**谷歌的成本率是 46%，臉書的成本率才 19%**。因此，臉書的營業利益率才有 38% 的超高水平。

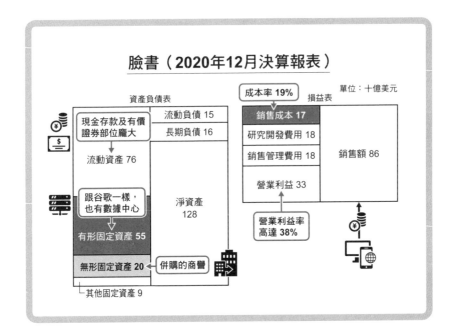

臉書（2020年12月決算報表）

為什麼臉書的成本率特別低呢？**臉書和谷歌一樣，兩家企業的經營模式都是**仰賴廣告收入。臉書的整體銷售額（860 億美元）中，廣告收入就占了 840 億美元（98%）。

使用者的個人資料是臉書握有的一大優勢，臉書透過自家的社群平台（SNS），取得使用者的個資、生活型態、交友關係等資料。**善用這些資料，可以提供使用者精確的廣告。**而提供精確的廣告，也會提升廣告單價。

對於有意刊登廣告的業主來說，精確度高的媒體有很大的魅力，刊登量自然跟著上升。根據 2020 年 12 月決算報表，臉書光是廣告收入就比前一年增加 21%，這也是臉書利益率極高的一大因素。

✅ Zoom 的流動負債、銷售管理費用和研究開發費用與經營模式的關聯

Zoom 的資產負債表當中，比例最大的是流動資產（47 億9,300 萬美元）。其中，現金及有價證券就占了 42 億 4,500 萬美元。另外，有形固定資產當中，也認列了一些電腦資材和軟體，但有形固定資產比谷歌或臉書少了許多。

資產負債表的右邊，認列了 12 億 6,000 萬美元的流動負債。**流動負債當中最多的是預收款項**（8 億 5,800 萬美元）。Zoom 的預收款項較大，主要跟他們的付費制度有關係。

Zoom 的會員分為兩種，一種是免費會員，另一種是付費會員。免費會員也可以使用 Zoom 的服務，但要使用所有的功能，必須成為付費會員。

換句話說，**Zoom 採用**免費增值的經營模式，**基本服務統統不用錢，唯獨付費會員才能使用完整功能。**

另外，**付費會員每個月要支付定額的使用費，也算是一種訂**閱制的經營模式。通常要預先支付一年的使用費，**這預先支付的**

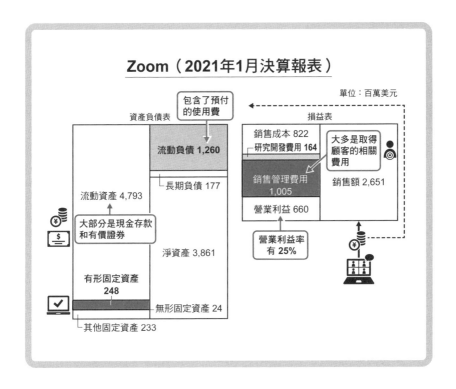

Zoom（2021年1月決算報表）

單位：百萬美元

資產負債表

包含了預付的使用費

流動負債 1,260

└ 長期負債 177

流動資產 4,793

大部分是現金存款和有價證券

淨資產 3,861

有形固定資產 248

└ 無形固定資產 24

└ 其他固定資產 233

損益表

銷售成本 822

研究開發費用 164

大多是取得顧客的相關費用

銷售管理費用 1,005

銷售額 2,651

營業利益 660

營業利益率有 25%

費用就是 Zoom 的預收款項，認列在流動負債當中。

因為是提前收到使用費，所以付費會員的數量越多，就有越多的現金流入。Zoom 除了有豐富的保留盈餘以外，這些經營手法也是他們資金充裕的原因。

再來看損益表。銷售額為 26 億 5,100 萬美元，銷售成本為 8 億 2,200 萬美元，成本率 31%。銷售成本包含了數據中心和第三方雲端的費用，這些都是提供服務的必要開銷。

根據 Zoom 的年報，未來他們要擴大服務規模，銷售成本也會跟著增加；但整體來說，成本率有望下降。

Zoom 的損益表有一個特徵，就是銷售管理費用高達 10 億 500 萬美元。銷售管理費率（＝銷售管理費 ÷ 銷售額）高達 38%。

銷售管理費用大多是行銷費用（占 6 億 8,500 萬美元），包

括行銷部門的人事費、廣告宣傳費、推廣的相關活動費用等等。另外，還有付給代理商的顧客獲得費用等等。

再重申一次，Zoom 是訂閱型的經營模式。付費會員的數量增加，收益也會跟著上升。另外，**使用者成為付費會員後，只要肯持續使用他們的服務，也會產生持續性的收益。因此，Zoom 砸下大筆行銷費用來獲得大量的使用者。**

根據 Zoom 的年報內容，用於促銷和行銷的費用持續增加，未來占銷售額的比例也會持續上揚。增加行銷的力度來獲得更多使用者，就是 Zoom 的經營方針。可以想見，以後銷售管理費率只會高不會低。

話雖如此，**Zoom 的研究開發費率（＝研究開發費 ÷ 銷售額）只有 6%，營業利益率也有 25%。**一般來說，資訊科技業會耗費大量的研究開發費用，而 **Zoom 的研究開發費用較少，主要是他們的開發據點設在中國的關係。**

不過，未來還要增加研究開發的投資額度，強化資安和其他功能，所以研究開發費率也有機會增加。

比較重點！

這一節我們比較了美國最具代表性的資訊科技業，包括谷歌、臉書、Zoom 的財報。

谷歌和臉書屬於仰賴廣告的經營模式，Zoom 則是訂閱型的經營模式。損益表的費用結構和資產負債表的流動負債，也呈現出了這些經營模式的差異。

臉書活用社群平台上的個人資料，提供高精確度的廣告內容。臉書秉持這個強項，創造了驚人的利潤。

最後，總結一下各家企業的經營模式有何特徵。

企業	經營模式的特徵
谷歌	跨國複合企業，提供搜尋引擎服務，屬於廣告型
臉書	社群平台，屬於廣告型
Zoom	採用免費增值策略，屬於訂閱型

2 | 電商有無涉足金融業，會影響到資產負債表的規模

這一節我們來看**電商亞馬遜**、**ZOZO** 和**樂天**這三家企業。

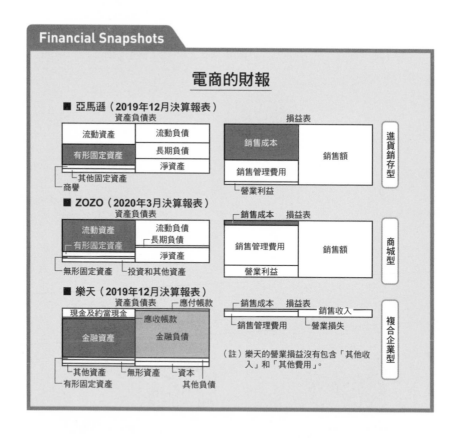

Financial Snapshots

電商的財報

■ 亞馬遜（2019年12月決算報表）
資產負債表 ｜ 損益表 ｜ 進貨銷存型

■ ZOZO（2020年3月決算報表）
資產負債表 ｜ 損益表 ｜ 商城型

■ 樂天（2019年12月決算報表）
資產負債表 ｜ 損益表 ｜ 複合企業型

（註）樂天的營業損益沒有包含「其他收入」和「其他費用」。

亞馬遜是世界第一電商，ZOZO 則是利用自家官網販賣時尚商品的企業。樂天擁有「樂天市場」等網路商城，算是經營電商網站的企業。在分析這些企業的財報時，要注意以下三點。

✅ 支撐亞馬遜持續擴大事業版圖的資金來源為何？

　　首先，來看亞馬遜的財報。**亞馬遜的資產負債表有龐大的有形固定資產，跟同業的 ZOZO 或樂天不同**，總共認列 980 億美元（包含租賃資產）。要推測有形固定資產的明細，得先了解一下亞馬遜各項事業的銷售額，分析他們的事業概況。

　　首先，來看網路店鋪和電子市集的銷售額，這些主要是網購事業的收益。而電子市集的銷售額，還有認列手續費和物流服務

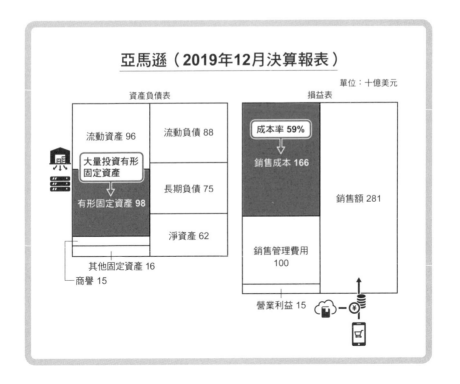

亞馬遜（**2019年12月**決算報表）

單位：十億美元

亞馬遜的銷售額明細

2019年12月決算報表

- 網路店鋪 50%
- 實體店鋪 6%
- 電子市集 19%
- 訂閱 7%
- AWS亞馬遜網路服務 12%
- 其他 5%

的收入。亞馬遜有大規模的物流倉庫，所以合理推測，資產負債表上一定有認列物流設施的有形固定資產。

另外，實體店鋪的銷售額占 6%。2017 年亞馬遜收購了全食超市，全食超市是一家販賣自然食品的連鎖超市。資產負債表上也有認列這些有形固定資產。

另一個值得我們關注的科目，是亞馬遜網路服務（Amazon Web Services，簡稱 AWS）。這是透過雲端提供亞馬遜的數位資源，占 12% 的銷售額，卻締造 90 億美元的營業利益。

亞馬遜的合併營業利益為 150 億美元，**等於有一半以上的營業利益，都是亞馬遜網路服務貢獻的**。資產負債表當中，亞馬遜網路服務的相關資產就有 370 億美元。由此可見，亞馬遜網路服務使用的系統相關資產，也認列在有形固定資產當中。

亞馬遜的現金流量足以支撐鉅額投資。亞馬遜把自由現金流量（FCF）視為一項關鍵績效指標（KPI）。**亞馬遜有強大的交涉本錢，可以延遲支付供應商的時間。這套體系，可以先收到銷售的貨款，並延遲支付進貨的費用。**亞馬遜禮券和亞馬遜影音等訂閱服務，也是採用預先收費的模式，所以有充裕的現金流量。

亞馬遜創造充沛的現金流量，耗費在各種投資項目，加速企業成長。重視現金流量的經營方式，支撐著亞馬遜的宏圖霸業。

最後，再來補充一個關於損益表的科目。亞馬遜的銷售額高達 2,810 億美元，銷售成本也有 1,660 億美元，成本率（＝銷售

成本 ÷ 銷售額）59%。

亞馬遜有電子市集和亞馬遜網路服務，所以跟一般零售業相比，成本率相對較低。但認列了這麼多銷售成本，代表亞馬遜的網路商店和實體店鋪，採用**進貨銷存的經營模式**。也就是商品一進貨就當成庫存，未來要想辦法賣出那些庫存。

✅ 商城型的電商特徵和分析財報時的注意事項

接下來介紹 ZOZO 的財報（詳見下圖），ZOZO 旗下有 ZOZOTOWN 等網路商城。**仔細觀察 ZOZO 的資產負債表，會發現當中認列了龐大的流動資產。**

700 億圓的流動資產當中，現金及存款占 340 億圓，應收帳款占 320 億圓。而存貨只占了 17 億 7,000 萬圓，顯然 ZOZO 採用的經營模式，有別於亞馬遜的進貨銷存。損益表的銷售額有

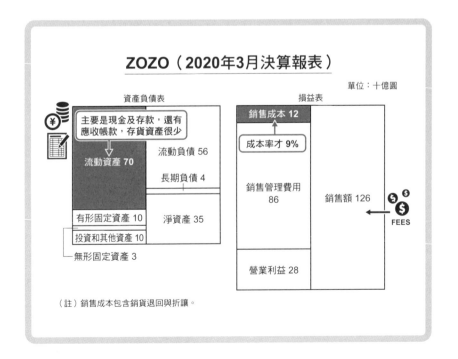

ZOZO（2020年3月決算報表）

單位：十億圓

資產負債表

主要是現金及存款，還有應收帳款，存貨資產很少

流動資產 70　　流動負債 56
　　　　　　　　長期負債 4
有形固定資產 10　淨資產 35
投資和其他資產 10
無形固定資產 3

損益表

銷售成本 12
成本率才 9%
銷售管理費用 86　　銷售額 126　FEES
營業利益 28

（註）銷售成本包含銷貨退回與折讓。

1,260億圓，銷售成本120億圓，**成本率9%**。ZOZO幾乎沒有庫存，成本率極低的關鍵在於經營模式。

根據財報，**ZOZOTOWN是他們的主力事業，採用的是委託販賣，也就是接受成衣製造商的委託，收下委託的庫存來販賣。企業本身不承擔庫存風險，收入來源則是販賣商品的手續費。**下圖就是ZOZO的經營模式。

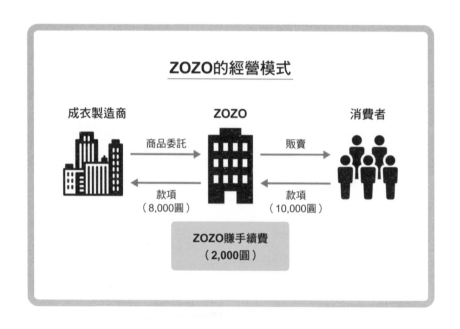

ZOZO接受成衣製造商的委託，幫忙販賣庫存商品。**庫存商品放在ZOZO的物流倉庫，但始終是成衣製造商持有，所以ZOZO的資產負債表沒有認列庫存。**

至於ZOZO的利潤，就是消費者支付的金額（圖示中的一萬圓）減去成衣製造商拿到的款項（八千圓），賺取差額（兩千圓）。ZOZO賺的是販賣手續費，沒有認列進貨所需的成本。

ZOZO只有經營ZOZOTOWN這一類的網路賣場，等於提供成衣製造商一個銷售管道。ZOZO算是「**商城型**」的電商。在分析ZOZO的財務狀況時，有一點要特別留意。**ZOZO的銷售額其**

實是販賣手續費，並不是商品本身的銷售價格。

在分析財務狀況時，有一個重要指標叫「**應收帳款周轉期間**」（＝應收帳款 ÷〔銷售額 ÷365 天〕）。這是用應收帳款去除每天的銷售額，來換算商品賣出後回收款項的時間。**應收帳款周轉期間太久，代表回收帳款有困難，要特別注意。**

根據 ZOZO 的財報數據（2020 年 3 月決算數據）來換算應收帳款周轉期間，會得出 92 天的答案（＝ 320 億圓 ÷〔1,260 億圓 ÷365 天〕。尾數有誤差，計算結果並未完全一致）。**一般直接做消費者生意的 B to C 企業，應收帳款周轉期間都比較短。比方說，百貨公司的應收帳款周轉期間大約 20-30 天**。各位可能會以為 ZOZO 回收應收帳款太久了，但實情並非如此。

因為 ZOZO 損益表上的銷售額，純粹是販賣手續費。所以，要配合 ZOZO 的商業狀況來換算應收帳款周轉期間，必須用商品銷售額計算才行。事實上，改用商品銷售額來計算，應收帳款周轉期間就是 33 天（＝ 320 億圓 ÷〔3,450 億圓 ÷365 天〕。尾數有誤差，計算結果並未完全一致）。

跟一般的零售業相比，ZOZO 的應收帳款周轉期間相對較長，主要是他們有提供延後付款的服務，在一定金額內的商品可以晚點付款。另外，關於營業利益率（＝營業利益 ÷ 銷售額），按照損益表的銷售額來換算，營業利益率為 22%；改用商品銷售額來算，則為 8%。

✅ 樂天是電商還是金融業？

最後，我們來看樂天的財報。

樂天的資產負債表有一個很大的特徵，金融資產和金融負債占了絕大部分。這些是樂天證券、樂天信用卡、樂天銀行等金融事業的資產與負債。

樂天原本跟 ZOZO 一樣屬於商城型的電商。不過，樂天在

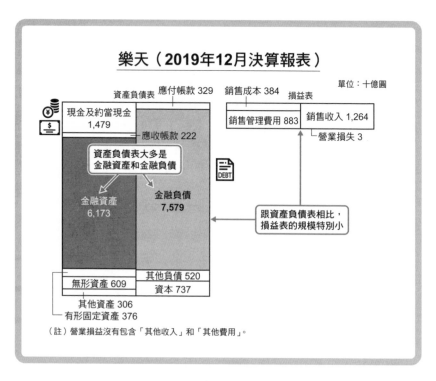

樂天（2019年12月決算報表）

單位：十億圓

資產負債表　應付帳款 329　銷售成本 384　損益表

現金及約當現金 1,479

應收帳款 222

資產負債表大多是金融資產和金融負債

金融資產 6,173

金融負債 **7,579**

銷售管理費用 883　銷售收入 1,264

└營業損失 3

跟資產負債表相比，損益表的規模特別小

其他負債 520

資本 737

無形資產 609

其他資產 306

有形固定資產 376

（註）營業損益沒有包含「其他收入」和「其他費用」。

樂天的銷售收入明細

2019年12月決算報表

網路服務 57%

金融科技 **35%**

行動電話 9%

2003 年 11 月、2004 年 9 月、2009 年 2 月、2012 年 10 月，先後收購 DLJ DIRECT SFG 證券（現在的樂天證券）、青空信用卡（現在的樂天信用卡）、eBank（現在的樂天銀行）、艾利歐生命保險（現在的樂天生命保險）。樂天擴大金融事業版圖，**資產負債表也呈現了金融公司的特徵**。

觀察樂天的銷售收入明細，會發現金融事業的占比不小。根據 2019 年 12 月決算報

表，網路服務的營收占 57%，金融科技則占 35%。

　　第一章也提到，現在樂天涉足行動電話業務，未來行動電話的事業比例會更大。**樂天現在是以金融事業為主，發展行動電話業務和其他事業版圖的**複合型企業。

　　樂天的損益表中，銷售收入有 1 兆 2,640 億圓，跟資產負債表的規模相比，這個數字相當小。因為樂天在金融事業付出大量的投資，第二章提到的丸井，還有第三章提到的銀行財報也有類似的傾向。

　　樂天原本的損益表，其實並沒有把銷售成本和銷售管理費用分開標示。我將營業費用明細中的「提供商品暨服務成本」當成銷售成本，其他費用則當成「銷售管理費用」。至於換算營業損益時，也沒包含「其他收入」和「其他費用」。因此，營業損益的金額和樂天公開的金額有異，這一點請特別留意。

比較重點！

　　這一次我們看了三家電商的財報。亞馬遜採用進貨銷存的電商模式，持續擴大事業版圖；ZOZO 經營商城型的電商網站，樂天從電商網站轉型成金融事業，再涉足行動電話業務，慢慢擴大事業版圖。最後，總結一下各家企業的經營模式有何特徵。

企業	經營模式的特徵
亞馬遜	家大業大，講究現金流量，屬於進貨銷存型
ZOZO	委託販賣，屬於商城型
樂天	從商城型進化到複合企業型

3 | 用財報變化分析 3C 企業的經營模式

這一節我們來分析**蘋果**和**索尼**（現在的索尼集團）的財報。

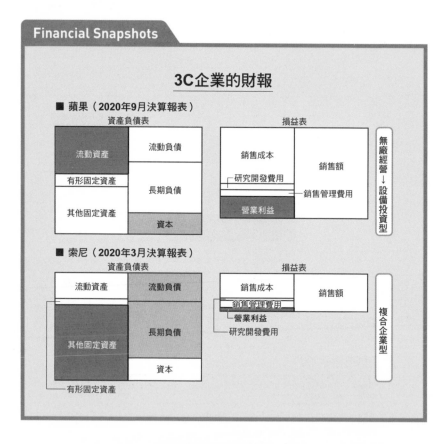

Financial Snapshots

蘋果和索尼都是**全球性的跨國企業**，蘋果主要販賣 iPhone、iPad、Mac 等產品，並提供相關的軟體和服務。索尼除了生產電子產品以外，還涉足遊戲、電影、音樂等娛樂事業，甚至連金融業也插上一腳，屬於**複合式企業**。

在分析這些企業的財報時，要留意以下四大要點。

● 蘋果的財報有何特徵？

● 蘋果的財報和十年前有何變化？

● 索尼的財報有何特徵？

● 索尼的財報和十年前有何變化？

　　首先，我們先從蘋果和索尼現在的財報，來掌握這兩家企業的特徵。接著，再來比對這兩家企業十年前的財報，看看兩者的經營模式有何變化。

✅ 蘋果的財報有何特徵？

　　我們先來看蘋果的財報。資產負債表的左邊（資產部分），有認列 1,440 億美元的流動資產。大部分都是現金和約當現金（380 億美元），以及用來交易的有價證券（530 億美元）。剩下的則是業務上的債權。值得一提的是，**蘋果的存貨（庫存）只**

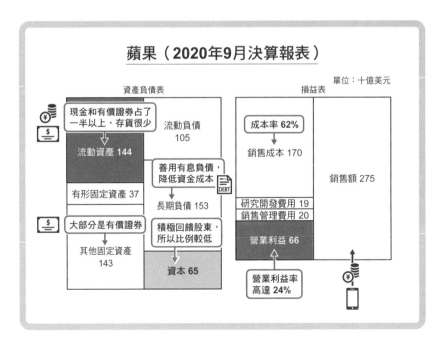

蘋果（**2020年9月決算報表**）

單位：十億美元

資產負債表

現金和有價證券占了一半以上，存貨很少

流動資產 **144**

流動負債 105

有形固定資產 37

善用有息負債，降低資金成本

長期負債 153

大部分是有價證券

其他固定資產 143

積極回饋股東，所以比例較低

資本 **65**

損益表

成本率 62%

銷售成本 170

銷售額 275

研究開發費用 19
銷售管理費用 20

營業利益 66

營業利益率高達 24%

有 40 億美元。換句話說，蘋果的庫存相當於五天的銷售額。**庫存越多消耗的資金就越多，庫存多的企業資本效率自然不高。**

　　蘋果只推出少數的品項，同時精確預測市場需求，加強生產計畫和庫存管理，盡可能減少商品庫存。另外，**蘋果對代工廠有很強的交涉優勢，不必吃下多餘的庫存，**合理估計這也是庫存不高的原因。其他固定資產（1,430 億美元）多半是有價證券（長期保有為目的），占了 1,010 億美元。

　　再來看資產負債表的右邊，可以發現蘋果的負債比例不低，自有資本率（＝淨資產 ÷ 總資本〔總資產〕）才 20%。理由有兩點。

　　第一，蘋果從 2012 年開始，積極推動回饋股東的政策。也就是說，**在成長速度鈍化以後，開始積極進行配股配息的回饋。**剛好這一段時間，公司的執行長也從史蒂夫・賈伯斯變成提姆・庫克。**這項政策也讓蘋果的淨資產比例相對較低。**

　　另一個理由可能是，**利用有息債務的節稅效果，降低自家的資本成本。**背負有息債務，在支付利息時可以減少課稅。稅額減少，資本成本自然下降。這又稱為「債務節稅效果」。關於這一點我們稍微了解就好，畢竟這牽涉到公司財務的專業領域。

　　接下來看損益表，銷售額有 2,750 億美元，銷售成本占了 1,700 億美元。成本率 62%，扣除研究開發費用和銷售管理費用，剩下 660 億美元的營業利益。營業利益率（＝營業利益 ÷ 銷售額）高達 24%。

⊘ 蘋果的財報和十年前的變化

　　觀察 2010 年和 2020 年 9 月決算的損益表，蘋果的銷售額從 650 億美元，成長到 2,750 億美元，增加了四倍以上。2010 年 9 月決算時，營業利益率為 28%；2020 年 9 月決算時，降到 24%，雖然略微下降，還是保持在很高的水平。

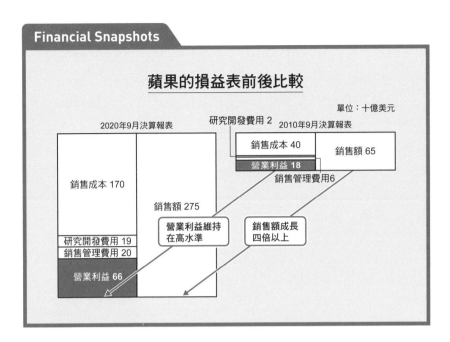

Financial Snapshots

蘋果的損益表前後比較

單位：十億美元

2020年9月決算報表　　　　研究開發費用 2　2010年9月決算報表

| 銷售成本 40 | 銷售額 65 |

營業利益 18

銷售管理費用6

銷售成本 170

銷售額 275

研究開發費用 19
銷售管理費用 20

營業利益 66

營業利益維持
在高水準

銷售額成長
四倍以上

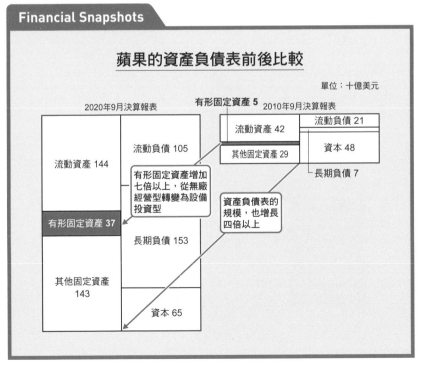

Financial Snapshots

蘋果的資產負債表前後比較

單位：十億美元

2020年9月決算報表　　　有形固定資產 5　2010年9月決算報表

流動資產 42　　流動負債 21

其他固定資產 29　　資本 48

長期負債 7

流動資產 144

流動負債 105

有形固定資產增加
七倍以上，從無廠
經營型轉變為設備
投資型

有形固定資產 37

長期負債 153

其他固定資產
143

資本 65

資產負債表的
規模，也增長
四倍以上

而資產負債表和損益表的規模都增加了四倍以上，其中有形固定資產更是增加了七倍以上。因為近年來，蘋果積極投資製造裝置和機械。

2020 年 9 月決算報表中，認列了 370 億美元（約四兆圓）的有形固定資產。現在蘋果改變經營模式，他們在委外代工時，會添購製造裝置放在代工廠生產。

蘋果過去一直給人無廠經營的企業形象，好像沒有什麼生產設備。事實上，2010 年 9 月決算時，資產負債表也確實是這樣的模式。不過，近年來已經有很大的改變了。

⊘ 索尼的財報特徵

索尼採用美國的會計準則，因此科目名稱和日本會計準則略

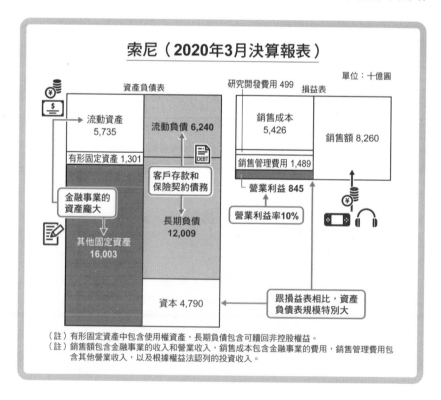

索尼（**2020年3月決算報表**）

單位：十億圓

資產負債表

研究開發費用 499　損益表

流動資產 5,735

流動負債 6,240

有形固定資產 1,301

客戶存款和保險契約債務

金融事業的資產龐大

長期負債 12,009

其他固定資產 16,003

資本 4,790

銷售成本 5,426

銷售額 8,260

銷售管理費用 1,489

營業利益 845

營業利益率10%

跟損益表相比，資產負債表規模特別大

（註）有形固定資產中包含使用權資產，長期負債包含可贖回非控股權益。
（註）銷售額包含金融事業的收入和營業收入，銷售成本包含金融事業的費用，銷售管理費用包含其他營業收入，以及根據權益法認列的投資收入。

有差異，我會在不影響本質的範圍內適當修正。

索尼財報的一大特徵，**就是資產負債表的規模比損益表大多了。理由在於索尼也涉足金融事業**。金融相關的總資產高達 15 兆 9,090 億圓，金融以外的總資產才 7 兆 3,730 億圓。將近七成的總資產都是金融相關的資產，屬於固定資產的投資及放款（12 兆 4,580 億圓），以及流動資產的有價證券（1 兆 8,480 億圓）占了絕大多數。負債部分，也有認列銀行業的客戶存款（2 兆 4,410 億圓）和保險契約債務等等（6 兆 2,460 億圓）。

金融事業的利潤，主要來自資金調度和運用的套利空間。這就是索尼的資產負債表和損益表規模不同的原因。

如果我們用金融和非金融的方式來看損益表，金融事業的收入為 1 兆 3,000 億圓，費用則為 1 兆 1,720 億圓。非金融事業的銷售額為 6 兆 8,560 億圓，銷售成本（不含研究開發費用）為 4 兆 2,540 億圓。

從這個數據我們不難發現，**金融事業運用的資金極為龐大，但認列在損益表上的金額並不多**。到頭來，索尼認列了 8,450 億圓的營業利益，營業利益率 10%。

⊘ 索尼的財報和十年前的變化

下一頁上方的損益表圖，2010 年 3 月決算時營業利益為 320 億圓，2020 年 3 月決算時則為 8,450 億圓。索尼大幅刪減銷售成本和銷售管理費用，培養出相當賺錢的企業體質。

2010 年 3 月決算時，索尼的兩大主力事業皆經營不善，分別是消費產品和設備組，以及網路產品和服務組。當然，不同的事業類型難以比較，但 2020 年 3 月，遊戲和網路服務組創造了 2,380 億圓的利潤，影像和感測解決方案組（半導體事業）也有 2,360 億圓的利潤。**代表索尼已經可以透過各項事業創造獲利了**。

比方說，遊戲產業的「PlayStation Plus」**訂閱服務**，還有半

索尼的損益表前後比較

單位：十億圓

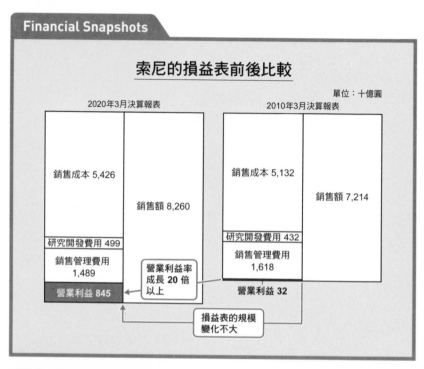

2020年3月決算報表

銷售成本 5,426

銷售額 8,260

研究開發費用 499

銷售管理費用 1,489

營業利益 845

營業利益率成長 **20** 倍以上

2010年3月決算報表

銷售成本 5,132

銷售額 7,214

研究開發費用 432

銷售管理費用 1,618

營業利益 **32**

損益表的規模變化不大

索尼的資產負債表前後比較

單位：十億圓

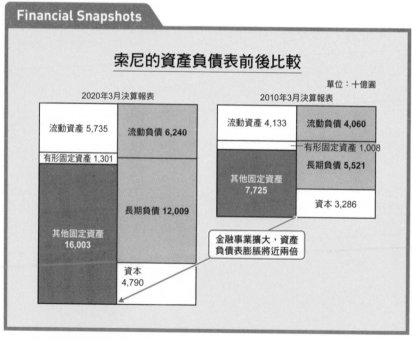

2020年3月決算報表

流動資產 5,735

流動負債 **6,240**

有形固定資產 1,301

長期負債 12,009

其他固定資產 16,003

資本 4,790

2010年3月決算報表

流動資產 4,133

流動負債 **4,060**

有形固定資產 1,008

長期負債 **5,521**

其他固定資產 7,725

資本 3,286

金融事業擴大，資產負債表膨脹將近兩倍

導體事業的影像感測服務，都能創造穩定的利潤。另一方面，左頁下方的資產負債表在這十年間，規模成長了將近兩倍，代表金融事業的規模擴大了。

再重申一次，金融事業運用的資本金額很大，但創造的利潤規模卻很小。因此，十年來損益表的規模沒什麼變化。

比較重點！

這一節我們分析了蘋果和索尼的財報，蘋果從無廠經營轉變為設備投資型，同時提供各類電子產品和相關的軟體服務。索尼不只提供硬體和軟體服務，還積極涉足金融事業，屬於複合型的經營模式。最後總結如下。

企業	經營模式的特徵
蘋果	無廠經營轉型為設備投資型
索尼	軟硬體、金融複合企業型

4 | 串流媒體的影視投資和營業活動現金流的關聯

　　這一節我們來看**網飛**和 Spotify 的財報。網飛提供影視串流服務，Spotify 則提供音樂串流服務，兩家都是世界級的**串流媒體**。網飛採用美國會計準則，Spotify 採用 IFRS（**國際財務報告準則**），在比較兩家企業的財報時，不用太計較這些差異。

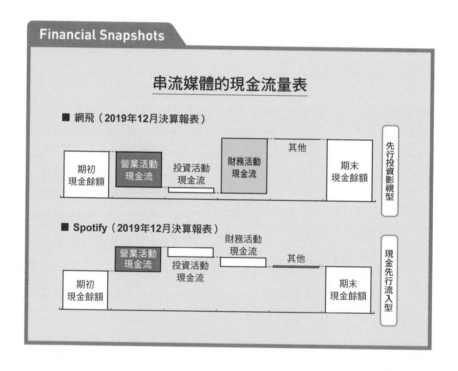

Financial Snapshots

串流媒體的現金流量表

■ 網飛（2019年12月決算報表）

期初現金餘額 | 營業活動現金流 | 投資活動現金流 | 財務活動現金流 | 其他 | 期末現金餘額 　先行投資影視型

■ Spotify（2019年12月決算報表）

營業活動現金流 | 投資活動現金流 | 財務活動現金流 | 其他 | 期初現金餘額 | 期末現金餘額 　現金先行流入型

　　比較兩家企業的現金流量表，**發現 Spotify 的營業活動現金流有現金流入，網飛卻只有大量的現金流出**，原因何在？在分析這兩家企業的財報時，要留意以下四大要點。

✅ 網飛的「影視資產」為何？

　　網飛的資產負債表，首先會看到龐大的「影視資產」。在了解影視資產認列的原因之前，我們先來看一下網飛的概要。

　　截至 2020 年 9 月，網飛共有 1 億 9,500 名付費會員，堪稱全球最大的串流媒體。網飛最初做 DVD 出租的生意，直到 2007 年

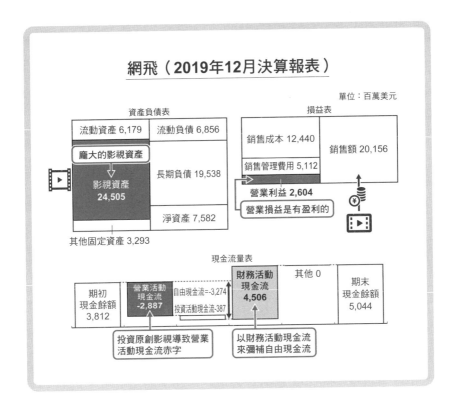

網飛（2019年12月決算報表）

單位：百萬美元

資產負債表

| 流動資產 6,179 | 流動負債 6,856 |

龐大的影視資產 ↓

影視資產 **24,505**

長期負債 19,538

淨資產 7,582

其他固定資產 3,293

損益表

銷售成本 12,440　　銷售額 20,156

銷售管理費用 5,112

營業利益 **2,604**

營業損益是有盈利的

現金流量表

| 期初現金餘額 3,812 | 營業活動現金流 **-2,887** | 自由現金流=-3,274　投資活動現金流-387 | 財務活動現金流 **4,506** | 其他 0 | 期末現金餘額 5,044 |

投資原創影視導致營業活動現金流赤字

以財務活動現金流來彌補自由現金流

才將串流服務視為主要業務，業績急速成長。

　　本來網飛只提供電腦平台的串流服務，後來連電玩主機、iPad、智慧型手機都看得到，服務區域遍及北美、歐洲、大洋洲、日本。2016年起還拓展到全球各地。

　　在大量的影視串流服務中，網飛對原創影視**的製作情有獨鍾。**2017年，網飛的原創作品《白頭盔》榮獲奧斯卡金像獎最佳紀錄短片。2018年《伊卡洛斯》也榮獲奧斯卡金像獎最佳紀錄片。另外，像《怪奇物語》這一類原創電視劇，還有威爾‧史密斯主演的《光靈》等作品，也引起了極大的回響。

　　因為投資這些原創影視，所以網飛的資產負債表上，才有認列245億又500萬美元的影視資產。**網飛為了維持、強化原創影視的內容，挹注了莫大的心血。**

✅ 網飛的損益表有盈利，為何營業活動現金流是負數？

　　由於**這些影視投資，網飛在損益表上雖有盈利，但營業活動現金流卻是負數。**

　　右圖是網飛營業活動現金流中，「串流影視支出」（製作或取得影視的現金支出）這一項的變動額度。2010年12月決算時，這一項支出還只有4億600萬美元，到了2019年12月決算時，高達139億1,700萬美元。

　　串流影視的支出，不會立刻反映在損益表上。而是要先認列在資產負債表的影視資產當中，且大部分在四年內折舊後，才會變成損益表上的折舊費用。投資影視的支出額度和折舊費用的落差，就是營業利益和營業活動現金流差距甚大的原因。

　　也因為積極的投資活動，網飛的營業活動現金流，還有自由現金流量（＝營業活動現金流＋投資活動現金流）都嚴重失血。**自由現金流量不足，就意味著必須以財務活動現金流來彌補。事**

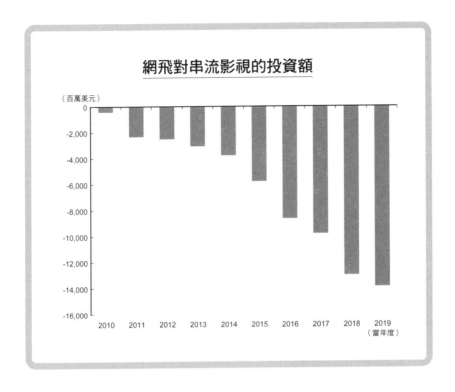

網飛對串流影視的投資額

（百萬美元）

実上，網飛的確透過**公司債**等手段，來調度投資所需的資金。

✅ Spotify 的損益表有虧損，為何營業活動現金流是正數？

接下來我們了解一下，Spotify 貴為大型的串流音樂媒體，為何損益表上賠錢，營業活動現金流卻有現金流入。

P177 的圖是 Spotify 營業活動現金流的明細。Spotify 的營業活動現金流，主要來自**股票報酬**、**營業及其他負債增加**和**預收款項增加**（沒有資金流出的金融費用等科目，也對現金流量表有影響，但暫且不提）。我們就從同表的左邊依序看下去。

首先來看股票報酬，這是指提供經營層或一般員工股票作為報酬。用股票當報酬在損益表上雖然認列為費用，但**提供這種報**

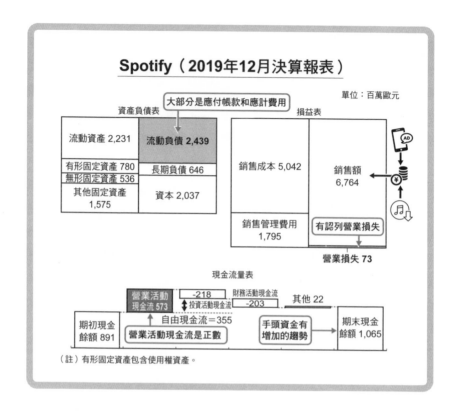

Spotify（2019年12月決算報表）

單位：百萬歐元

資產負債表

大部分是應付帳款和應計費用

流動資產 2,231	流動負債 2,439
有形固定資產 780	長期負債 646
無形固定資產 536	
其他固定資產 1,575	資本 2,037

損益表

| 銷售成本 5,042 | 銷售額 6,764 |
| 銷售管理費用 1,795 | 有認列營業損失 |

營業損失 73

現金流量表

| 期初現金餘額 891 | 營業活動現金流 573 | -218 投資活動現金流 | 財務活動現金流 -203 | 其他 22 | 期末現金餘額 1,065 |

自由現金流＝355
營業活動現金流是正數

手頭資金有增加的趨勢

（註）有形固定資產包含使用權資產。

酬不會流出現金，在計算現金流量表時，有美化作用。

再來是營業及其他負債增加。所謂「營業及其他負債」，是指流動負債中的應付帳款和應計費用。也就是 Spotify 還沒支付的樂曲使用費。**應支付的樂曲使用費增加，代表現金流出減少，同樣有美化現金流量的作用。**

預收款項增加也提升了現金流量。Spotify 有一般的月費制和可以換取優惠的年費制。**這些使用者付出的費用，就成了 Spotify 的預收款項，也是現金流量表有現金流入的一大因素。**

綜觀上述幾點，不難發現 Spotify 在支付樂曲使用費之前，就**先收到了銷售收入。所以只要銷售規模擴大，現金流入也會跟著增加。**

Spotify 正好跟一般商業模式相反，一般商業模式在擴大事業

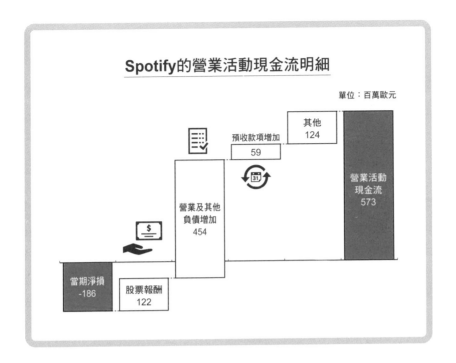

Spotify的營業活動現金流明細

單位：百萬歐元

其他
124

預收款項增加
59

營業活動
現金流
573

營業及其他
負債增加
454

當期淨損
-186

股票報酬
122

規模時，反而需要更多的營運資金。2018 年 4 月，Spotify 在紐約證交所上市並未發行新股，而是採用**直接上市（Direct Listing）**的手法。

雖然不發行新股，但能減少上市的成本和時間。**Spotify 屬於銷售規模越大，現金流量就越充裕的經營模式。因此股票上市時，不需要發行新股來調度資金。**

有些人會想，既然不需要調度資金，那又何必上市呢？其實股票上市的目的不只是調度資金，也有可能是要提升既存股票的流動性。Spotify 或許是透過上市的手段，讓股東更好出脫手上的持股。

✅ 網飛和 Spotify 的獲利模式

網飛、Spotify 都是採用**訂閱型的經營模式**，消費者在使用服

網飛、Spotify 的收益模式差異

（2019 年 10 月至 12 月數據）

	會員數（百萬人）		銷售額 （百萬美元 / 百萬歐元）	
	網飛	Spotify	網飛	Spotify
付費會員	167	124	5,399	1,638
免費會員	0	153	0	217

務的期間，必須支付使用費。不過，雙方的收益模式略有差異。

上圖是 2019 年 10 月至 12 月，兩家企業的免費會員和付費會員的數量，以及各會員貢獻的銷售額。主要差異有以下兩點。

首先，**網飛沒有免費會員，Spotify 則有大量的免費會員，甚至還超過付費會員。**另外，**Spotify 的免費會員對收益也有貢獻。Spotify 的免費會員不必支付費用，但每聽一首曲子都有插入廣告。**這些**廣告收入就是**免費會員提供的利潤。

這種結合免費會員和付費會員的經營模式，稱為「免費增值」。而賺取廣告收入的經營模式則稱為「廣告模式」。**Spotify 兼具這兩種經營模式的特徵。**

比較重點！

網飛、Spotify 都是世界知名的串流媒體，也採用訂閱型的獲利方式。然而，兩者的經營模式大相逕庭。網飛耗費極大的心力製作原創影視，營業活動現金流大幅減少；Spotify 的營業活動現金流有現金流入，股票剛上市也不需要發行新股。再者，Spotify 的免費會員有貢獻廣告收入，這也是他們經營模式的一大特徵。

總結兩家企業的經營模式如下。

企業	經營模式的特徵
網飛	採用訂閱模式，屬於影視先行投資型
Spotify	採用訂閱模式、免費增值、廣告模式，屬於現金先行流入型

史上最有趣的
財報分析書

　　我的上一本著作《會計思考力：決戰商場必備武器》，也提到了比例縮尺圖和瀑布圖。這一次我的創作構想，就是用這兩種圖表來分析資產負債表、損益表和現金流量表，做成一本簡單易懂的財報圖鑑。用圖解的方式分析，各位可以在短時間內吸收大量的企業財報，養成扎實的分析能力，同時享受閱讀樂趣。

　　我在前言也談到，要培養分析財報的能力，關鍵在於閱讀大量的財報。要在短時間內達到這個目標，用圖解的方式閱讀是最合適的方法。我在寫這本書時，也花了不少心力挑選合適的企業。這些企業必須呈現同一個產業的共通點，同時突顯各自的經營特色。

　　另外，我在說明各家企業的財報時，始終謹記兩個重點。一是精準描述各家企業的經營模式，同時力求用字簡潔。本書介紹的案例，都有獨特的經營模式和策略。雖然這些內容本身很有趣，但太過深入解說有違本書的創作初衷。

　　如果各位看完這本書，覺得閱讀財報很有趣，而且確實提升了分析財報的能力，那我身為作者也同感欣慰。

　　我在推特開了「會計思考力入門課」，參加的網友給了我許多寶貴的啟示。網友告訴我應該挑選什麼樣的企業，讓我知道分析的重點應該放在哪裡。

　　「會計思考力入門課」其實就是一個會計益智問答的小遊戲，我會貼出企業的財報圖表，網友要根據圖表內容，猜出那是哪一家企業。至於如何推理企業名稱，如何掌握分析重點，這些

網路上的教學經驗，在我創作時有很大的幫助。因此，我要誠心感謝「會計思考力入門課」的網友。

在修訂和編纂本書時，中京大學國際學系教授永石信先生也給我許多寶貴的意見。永石信先生也是「會計思考力入門課」的忠實參加者，而他在商學院授課時，和學生交流互動的方式，也帶給我很多的創作啟發，請容我表達最深的謝意。

另外，我也要感謝日本實業出版社，對本書的企劃和內容表示認同，並給予我出版這一本著作的機會。尤其日本實業出版社的第一編輯部成員，從構想到執筆、圖表設計，都提供我不少的幫助。

礙於篇幅，我沒法列出每一位大德的姓名。因此，我要衷心感謝每一位幫助我完成本書的人。最後，我要感謝家人對我的支持和鼓勵，真的很謝謝你們。

2021 年 9 月
矢部謙介

國家圖書館出版品預行編目資料

（全圖解）財報比較圖鑑：108張圖表看懂財報真相，買對飆股 / 矢部謙介作；葉廷昭譯. -- 初版. -- 臺北市：三采文化股份有限公司，2023.1　面；公分. -- (iRICH ; 35)
ISBN 978-957-658-986-7（平裝）

1.CST: 財務報表 2.CST: 財務分析

495.47　　　　　　　　　111017472

iRICH 35

【全圖解】財報比較圖鑑
108張圖表看懂財報真相，買對飆股

作者｜矢部謙介　　譯者｜葉廷昭
編輯二部 總編輯｜鄭微宣　　主編｜李媁婷　　美術主編｜藍秀婷　　封面設計｜李蕙雲
版權選書｜劉契妙　　內頁排版｜陳佩君　　校對｜黃薇霓

發行人｜張輝明　　總編輯長｜曾雅青　　發行所｜三采文化股份有限公司
地址｜台北市內湖區瑞光路513巷33號8樓
傳訊｜TEL:8797-1234　FAX:8797-1688　　網址｜www.suncolor.com.tw
郵政劃撥｜帳號：14319060　　戶名：三采文化股份有限公司
初版發行｜2023年1月6日　定價｜NT$420
　2刷｜2023年4月15日

KESSANSHO NO HIKAKU ZUKAN
Copyright © K. Yabe 2021
Chinese translation rights in complex characters arranged with Nippon Jitsugyo Publishing Co., Ltd.
through Japan UNI Agency, Inc., Tokyo